Guidelines for
Combustible Dust Hazard Analysis

可燃性粉尘
危害分析指南

美国化学工程师协会化工过程安全中心　著

刘眹蓉　杨剑虹　江琦良　杨　烈　等译

袁小军　审

 化学工业出版社

·北京·

WILEY

内容简介

《可燃性粉尘危害分析指南》一书介绍了如何通过规定标准或基于风险分析的方法进行粉尘危害分析（DHA）。主要内容包括粉尘火灾和爆炸的基本背景信息，工艺设备内部、外部和建筑物内部粉尘危害的防爆和防护系统指南，危害评估和控制的传统方法（包括相关标准的概述以及如何使用标准和检查表来确定所需的预防和缓解方法）、基于风险的粉尘危害分析方法、可燃性粉尘问题的一些特别注意事项，以及基于风险的粉尘危害经典分析示例。

《可燃性粉尘危害分析指南》可供化工安全人员、生产技术人员、科研人员以及高等学校相关专业师生使用。

Guidelines for Combustible Dust Hazard Analysis, 1 edition/by CCPS（Center for Chemical Process Safety）

ISBN 9781119010166

Copyright © 2017 by the American Institute of Chemical Engineers, Inc. All rights reserved.

Authorized translation from the English language edition published by John Wiley & Sons, Inc.

本书中文简体字版由 John Wiley & Sons, Inc. 授权化学工业出版社独家出版发行。

未经许可，不得以任何方式复制或抄袭本书的任何部分，违者必究。

北京市版权局著作权合同登记号： 01-2024-6408

图书在版编目（CIP）数据

可燃性粉尘危害分析指南 / 美国化学工程师协会化工过程安全中心著；刘眹蓉等译. -- 北京：化学工业出版社，2024. 9. -- ISBN 978-7-122-45851-3

Ⅰ. TD714-62

中国国家版本馆 CIP 数据核字第 20240WX267 号

责任编辑：丁建华　杜进祥　高　震　　文字编辑：丁海蓉
责任校对：李露洁　　　　　　　　　　装帧设计：关　飞

出版发行：化学工业出版社
　　　　　（北京市东城区青年湖南街 13 号　邮政编码 100011）
印　　装：河北鑫兆源印刷有限公司
710mm×1000mm　1/16　印张 12　字数 217 千字
2025 年 1 月北京第 1 版第 1 次印刷

购书咨询：010-64518888　　　　　售后服务：010-64518899
网　　址：http://www.cip.com.cn
凡购买本书，如有缺损质量问题，本社销售中心负责调换。

定　　价：79.00 元　　　　　　　　　版权所有　违者必究

译者前言

2014年8月2日7时34分，昆山中荣金属制品有限公司发生特别重大铝粉尘爆炸事故，造成重大人员伤亡，社会影响极其深远。2024年1月20日3时32分许，常州燊荣金属科技有限公司发生较大粉尘爆炸事故，再次给人们敲响了警钟。这十年间，粉尘爆炸事故频发，造成了巨大的生命财产损失。为何同样的事故一再发生？企业的风险辨识是否到位？粉尘危害的防控措施是否真正有效？如何才能提高风险管理的能力，避免悲剧重演？这些问题值得我们深思。

作为风险、安全与可靠性等技术领域的先行者，北京风控工程技术股份有限公司基于在过程安全管理领域多年的理论与实践经验，推动引进并翻译了美国化学工程师协会化工过程安全中心（CCPS）编写的《可燃性粉尘危害分析指南》（Guidelines for Combustible Dust Hazard Analysis），旨在为国内从业者、科研技术人员及相关高校师生提供具体的可燃性粉尘危害分析指导。

本书具有清晰的系统性和逻辑性。首先，从粉尘火灾和爆炸的基本背景信息出发，帮助读者理解粉尘爆炸的起因与特点。接着，介绍粉尘危害辨识及防护系统的要点，包括工艺设备内的防爆和防护，以及设备外部和建筑物内部的粉尘危害防控方法。随后，本书对危害评估方法进行了详细介绍，既包括传统的评估方法，如标准化检查表的使用，也包括基于风险的分析方法，特别是流程工业中广泛应用的保护层分析（Layer of Protection Analysis，LOPA），该方法同样适用于粉尘危害风险评估。本书通过实际案例，展示了这些方法在粉尘危害防控中的具体应用，为读者提供了切实可行的实战指南。

北京风控工程技术股份有限公司一直在不遗余力地推动国际先进理念的传播。公司技术专家刘昳蓉翻译第5～6章，杨剑虹翻译第2章和第8章，江琦良、杨烈翻译第3～4章及附录，袁小军翻译第7章。全书由刘昳蓉统稿、袁小军审核。此外，苟亮亮、孔令仪、徐斗娇、徐琳、梁琦、何梦圆等参与了本书其他部分的翻译及书稿整理、校对工作，在此提出感谢。

衷心希望本书的出版能够为粉尘危害防控工作的系统化和科学化提供有益的借鉴，共同推动安全生产水平的持续提升。

译者

北京风控工程技术股份有限公司

前言

    在墨西哥城和印度博帕尔发生化学灾难后，美国化学工程师协会于1985年成立了化工过程安全中心（CCPS）。CCPS的职责是开发和传播用于预防重大化学事故的技术信息。该中心得到了180多家化学过程工业（CPI）赞助商的支持。这些赞助商为各个技术委员会提供了必要的资金支持和专业指导。化工过程安全中心的主要工作成果包括一系列指南，旨在协助那些需要实施过程安全和风险管理体系各要素的对象。本书就是该系列丛书中的一册。

    五十多年来，美国化学工程师协会一直密切关注化学品及相关行业的过程安全和损失控制问题。通过与工艺设计人员、构造人员、操作人员、安全专家以及学术界建立起紧密的联系，美国化学工程师协会加强了彼此的沟通并促进了行业高安全标准的不断改进。美国化学工程师协会的出版物和研讨会为那些致力于过程安全和环境保护的人们提供了信息资源。

缩略语

缩略语	英文	中文
AIChE	American Institute of Chemical Engineers	美国化学工程师协会
ALARP	As Low as Reasonably Practicable	最低合理可行性
ASTM	American Society for Testing and Materials	美国材料试验学会
BPCS	Basic Process Control System	基本过程控制系统
CCPS	Center for Chemical Process Safety	化工过程安全中心
CSB	U. S. Chemical Safety and Hazard Investigation Board	美国化学品安全与危害调查委员会
DHA	Dust Hazard Analysis	粉尘危害分析
FIBC	Flexible Intermediate Bulk Container	柔性中型散装容器
FRPPE	Fire Retardant Personnel Protective Equipment	阻燃型人员防护设备
HAZOP	Hazard and Operability Study	危险与可操作性分析
HIRA	Hazard Identification and Risk Analysis	危险识别与风险分析
IEC	International Electrotechnical Commission	国际电工委员会
LFL	Lower Flammable Limit	燃烧下限
LOC	Limiting Oxygen Concentration	极限氧浓度
LOPA	Layer of Protection Analysis	保护层分析
MAIT	Minimum Auto Ignition Temperature of a Dust Cloud	粉尘云的最低自燃温度
MEC	Minimum Explosible Concentration	爆炸下限浓度
MIE	Minimum Ignition Energy	最小点火能
MOC	Management of Change	变更管理
MOOC	Management of Organizational Change	组织变更管理
NFPA	National Fire Protection Association	美国消防协会

缩略语	英文	中文
OSHA	U. S. Occupational Safety and Health Administration	美国职业安全与健康监察局
PFD	Probability of Failure on Demand	有保护层要求时失效概率
PFD	Process Flow Diagram	工艺流程图
PHA	Process Hazard Analysis	过程危险分析
PSI	Process Safety Information	工艺安全信息
PSM	Process Safety Management	过程安全管理
RBPS	Risk-based Process Safety	基于风险的过程安全
RIBC	Rigid Intermediate Bulk Container	硬质中型散装容器
SCAI	Safety Controls Alarms and Interlocks	安全控制、报警和联锁
SDS	Safety Data Sheet	安全数据表
SFPE	Society of Fire Protection Engineers	消防工程师协会
SHE	Safety,Health and Environmental	安全、健康和环境
SHIB	Safety Hazard Information Bulletin	安全隐患信息公报
SIS	Safety Instrumented Systems	安全仪表系统
SME	Subject Matter Expert	主题专家
UFL	Upper Flammable Limit	可燃上限
UK	United Kingdom	英国
U. S.	United States	美国

术语

术语	注释
安全仪表系统(SIS)	为达到特定安全完整性等级而设计并管理的一整套传感器、逻辑解算器、最终元件和支持系统的组合
保护层分析(LOPA)	一种每次分析一种事故情景(原因-后果对)的方法,根据预定义的触发事件频率、独立保护层故障概率和后果严重性分析事故场景,将场景风险评估结果与风险标准进行比较,以确定何处需要进一步降低风险或进行更详细的分析。一般通过其他基于场景的危险评估方法(例如 HAZOP 分析)来识别事故场景
爆燃	一种燃烧形式,以小于声速的速度通过热量和质量在未反应介质中传播
爆燃指数(K_{St} 值)	粉尘云爆炸性的度量标准,单位为 bar·m/s(1bar＝10^5Pa)
爆炸(CCPS)	引起压力波动或爆炸波的能量释放过程
爆炸(NFPA)	由爆燃引起的内部压力升高导致的外壳或容器爆裂或破裂
爆炸下限浓度(MEC)	可燃性粉尘在空气中遇火源即能发生爆炸的最低浓度,用 g/m³ 表示
变更管理(MOC)	用于识别、审查和批准对设备、程序、原材料和工艺条件的变更(非实物替换)的一套管理系统,以确保对过程变更进行了正确分析(例如潜在的不利影响)、形成文件并传达给受影响的员工
操作程序	操作设备时所需的分步骤书面说明和信息。该程序汇总在一个文件中,包括操作说明、工艺说明、操作限制、化学危害和安全设备要求等
层点火温度(LIT)	粉尘层自燃的最低温度
动火作业	可能使用火焰或产生火花的任何作业(例如焊接)
粉尘危害分析(DHA)	一种系统性审查,旨在识别和评估当工艺或设施中存在一种或多种易燃固体颗粒时,与其相关的潜在火灾、闪火或爆炸危险
粉尘云的最低自燃温度(MAIT)	当地大气压下,特定粉尘云暴露于炉内加热空气中时能自燃的最低温度

术语	注释
工艺安全信息（PSI）	有关化学品、工艺和设备的物理、化学和毒性信息。用于记录工艺的配置、特性、限值以及过程危险分析数据
管理体系	一套正式规定过的活动，目的是在可持续的基础上以一致的方式产生特定的结果
过程安全管理（PSM）	一种侧重于预防、防备、减轻、应对和恢复与设施相关的过程中化学品或能源灾难性释放的管理系统
过程安全管理体系	为了确保应对偶发事故的屏障落实到位且有效，从而设计的全套政策、程序和实践
过程安全事故/事件	潜在的灾难性事件，即涉及有害物质泄漏/释放的事件。这种事件可能导致大规模的健康和环境后果
过程危险分析	识别和评估与过程和操作相关的危险，并对其加以控制的组织性工作。这项分析通常涉及使用定性技术来识别和评估危险的严重性，在此基础上得出结论并提出相关的建议。偶尔也会采用定量的方法来确定降低风险的优先级
机械完整性	一套主要目的是确保设备的设计、安装和维护能够满足既定功能要求的管理体系
基于风险的过程安全（RBPS）	化工过程安全中心（CCPS）的 PSM 系统方法，采用了基于风险的战略和实施策略。这些战略和实施策略与基于风险的过程安全活动需求、资源可用性及现有过程安全文化相适应，旨在设计、纠正和改进过程安全管理活动
极限氧浓度（LOC）	在规定条件下不会发生爆燃的燃料-氧化剂混合物中氧化剂的浓度
可燃性粉尘	一种极细的易燃颗粒状固体，当其悬浮于空气或特定工艺氧化介质中且浓度在特定范围内时，存在闪火或爆炸危险
空气/物料分离器	一种用于将物料中的空气分离出来的装置
频率	某一事件在单位时间内发生的次数（例如，每 1000 年发生 1 次事件的频率＝1×10^{-3} 次/年）
柔性中型散装容器	通常是由不导电的织物制成的大袋子，用于储存和处理散装固体
闪火	一种通过可扩散的燃料（如灰尘、气体或易燃性液体等）使火焰前峰迅速蔓延的火灾，不产生破坏性压力
实物替代品（RIK）	符合设计规格（如果有的话）的替代物品（设备、化学品、程序、组织结构、人员等）。实物替代品可以是完全相同的替代产品，也可以是设计规范中专门规定的任何其他替代产品，只要替代产品不以任何方式影响物品或相关物品的功能或安全性即可。对于非物理变更（与程序、人员、组织结构等有关）可能不存在规范，此种情况下，审查者在确定采用的是实物替代品还是变更时，应考虑到现有项目的设计和功能要求（即使没有书面要求）

术语	注释
事故	导致一个或多个不良后果的一起事件或一系列事件,例如人身伤害、环境损害或资产/业务损失。此类事件包括火灾、爆炸、有毒或其他有害物质的释放等
危险分析	识别导致危险的各种意外事件并分析这些事件背后的发生机制,一般还包括对后果的估计
危险识别	对可能发生事故从而导致不良后果的材料、系统、流程和工厂特性进行盘点
危险识别与风险分析（HIRA）	涵盖了在设备整个生命周期中,对其开展的危险识别与风险分析的各项活动,目的是确保员工、公众或环境风险始终控制在组织的风险接受范围内
危险与可操作性分析（HAZOP）	一种系统化的定性分析技术,使用一系列引导词来分析工艺偏差,从而识别工艺危害和潜在的操作问题。HAZOP 会对工艺过程的每一个部分进行分析,以发现可能的对设计意图的偏离及其可能的原因和后果。这是通过使用适当的引导词来系统地实现的。无论是对于间歇装置还是连续装置,这都是一种系统、详尽的审查技术,可以用于对新工艺或现有工艺的危险识别
预防性维护	通过建立例行检查和维修时间表来降低计划外停机频率及严重性的维护工作
最大爆炸压力(P_{max})	最佳浓度易燃混合物封闭爆燃产生的最大压力
最大泄放压力(P_{red})	爆燃泄放过程中在具有泄放口的封闭体中产生的最大压力
最低合理可行性（ALARP）	一种概念,即在降低风险所需要的成本(包括费用、时间、精力等)与减少风险所带来的效益明显不成比例之前,都应继续进行降低风险的努力。其同义词是"尽可能低"(ALARA)
最小点火能（MIE）	在规定测试条件下,可燃性混合物中某一点释放的可导致火焰从该点传播的最小能量。最小点火能的最低值是在某一最佳浓度混合物中发现的。通常来说,这个最低值就被称作最小点火能

致谢

美国化学工程师协会（AIChE）和化工过程安全中心（CCPS）对可燃性粉尘危害分析委员会各位成员及其 CCPS 成员公司表示感谢。真诚感谢他们在编写本书过程中给予的支持和技术贡献。

小组委员会成员：

Glenn Baldwin	Dow Chemical
Mervyn Carneiro	Eli Lilly & Company
Merrill Childs	Cargill
Christopher Devlin	Celanese Chemicals
Henry Febo	FM Global Research
Larry Floyd	BASF
Walt Frank	Frank Risk Solutions，CCPS Staff Consultant
James Fuhrman	Monsanto Company
Robert Gravell	Gravell Consulting，LLC（DuPont，Retired）
Warren Greenfield	Ashland，Inc.
Dave Kirby	BakerRisk
Dave Koch	LyondellBasell（Alternate）
Peter Lodal	Eastman Chemical，Committee Chair
Tim Myers	Exponent
Albert Ness	CCPS-Lead Engineering Specialist
Phil Parsons	BakerRisk（Alternate）
Samuel Rodgers	Honeywell
James Slaugh	LyondellBasell
Florine Vincek	BASF（Alternate）

小组委员会各成员的集体工业经验和专业知识使本书对能产生或处理可燃性粉尘的固体处理设施的设计、维护和操作工程师以及进行粉尘危害评估的人员有很高的价值。

本书编写委员会谨对 CCPS 的 Albert Ness 为出版本书所做的贡献表示

感谢。

出版前，CCPS 的所有书籍都通过了详尽的同行审查。CCPS 非常感谢各位同行审查员提出的意见和建议。他们的努力增强了这些指南的准确性和清晰性。

同行审查员：

Chris Aiken	Cargill
Joyce M. Becker	BP
Wayne Chastain	Eastman Chemical
Olivier Dewaele	Eastman Chemical
DE Dressel	Eastman Chemical
David Hermann	BakerRisk
Jerry Keezer	Arkema Inc.
Nicole Loontjens	American Styrenics
Bill Mosier	Syngenta Crop Protection，Inc.
Phil Parsons	BakerRisk
Matt Pfeifer	Ashland，Inc.
Richard Prugh	Dekra
Tom Scherpa	DuPont Company
Laura Turci	Ashland，Inc.

尽管同行审查员提供了大量建设性的意见和建议，但我们并未要求他们认可本书，也未在本书发行前向他们出示最终的稿件。

目录

第1章

绪　论

1.1　本书的目的

在 2006 年开展的一项研究中，美国化学品安全与危害调查委员会（CSB）发现，尽管已有防止和减轻粉尘火灾与爆炸的统一标准，但是因为政府执法人员、工厂工人和管理人员往往没有意识到粉尘爆炸的危害，所以在实际生产中常常无法提前辨识粉尘爆炸危害。造成这种情况的原因是多方面的。例如，有 41% 的物料安全数据表（现称安全数据表，SDS）并没有明确粉尘爆炸危害。执法人员也没有接受有关可燃性粉尘的培训（CSB 2006）。

美国消防协会（NFPA）在 2015 年末发布了 652 标准《可燃性粉尘基础标准》（Standard on the Fundamentals of Combustible Dust）（NFPA 2016），其中要求制造、加工、重新包装、产生或处理可燃性粉尘或易燃固体颗粒的所有设施和工艺过程必须进行粉尘危害分析（DHA）。本书的核心目标在于按照规定标准或采用基于风险的方法为高数量粉尘危害分析提供实用指导，书中就如何评估粉尘危害、典型的预防和防护方法及进行此类评估所需数据提供了指导。

尽管并不意味着对可燃性粉尘科学的透彻认识，但本书总结概述了可燃性粉尘火灾和爆炸的基本原理以及如何预防和减轻这些危害。本书的重点在于粉尘的可燃性危害，仅涵盖了与可燃性粉尘点火有关的潜在反应性或分解危害。本书并不涉及粉尘的毒性危害。本书还给出了供进一步学习的标准和参考资料的清单。

本书的目标读者主要包括从事过程研究、开发、设计和运行固体处理厂及过程的技术人员。可燃性粉尘和危害分析方面的专家会发现，本书可以作为指南为可燃性粉尘处理过程的风险评估制定统一方法。

1.2　本书内容概述

第 2 章介绍了粉尘火灾和爆炸的基本背景信息。该章统计了粉尘爆炸频率并提供了一些案例选编，总结概述了产生火灾和爆炸危害的原因，解释了主要的可燃性和爆炸性参数。此外，还描述了二次爆炸的概念。发生在工艺设备外、建筑物内的二次爆炸是粉尘爆炸致死和造成伤害的主要原因。最后对可燃性粉尘和可燃性气体进行了比较。

第 3 章提供了有关工艺设备内部可燃性粉尘爆炸危害的防爆和保护系统的指南。该章还介绍了一些与粉尘爆炸有关的特定设备或操作的危害、关注点和控制措施。很多处理可燃性粉尘的设备已经具备了爆炸五个条件中的四个，仅需要点火源就可以发生火灾爆炸。该章所涵盖的设备和操作包括：

- 空气/物料分离器
- 粉碎设备
- 干燥器
- 筒仓/料斗
- 可移动式容器
- 输送机（例如皮带输送机、斗式提升机、气力输送机）
- 搅拌器/混合器
- 向装有易燃溶剂的容器输送固体

第 4 章描述了在设备外、建筑物内的粉尘危害。建筑物中的可燃性粉尘积聚引发了一些有史以来最严重的粉尘爆炸事故。因此，日常清洁常常是降低建筑物内可燃性粉尘火灾和爆炸危害的最重要的措施。该章讨论了如何防止粉尘积聚、日常清洁、限制施工造成的伤害。

第 5 章介绍了一些传统的危害评估方法，包括相关标准的总结以及如何利用标准和检查表来确定所需的预防和缓解方法，从而保证符合 NFPA 652 的粉尘危害分析要求。传统方法的工作假设是：完全遵守适用的法规、标准和良好做法可提供足够的对粉尘火灾和爆炸的防护。

在本书中，将危害评估和控制过程的总体方法细分为了七个基本的步骤。将分别予以详述。

第 6 章介绍了基于风险的粉尘危害分析方法，并为各组织提供了一种将风险容忍标准应用于防护措施决策中的方法。所述方法与美国消防协会基于性能的设计方案一致。它描述了一种可以代替 NFPA 标准要求中设计方案的系统方法，证明其可以满足安全性和业务连续性目标，而这正是传统规范性方案的基础。

该章提出了一种基于风险的粉尘危害分析九步骤方法［源于《过程设备故障的设计解决方案》（Design Solutions for Process Equipment Failures）（CCPS 1999）］——并对每个步骤进行了讨论。

附录 C 提供了一些基于风险的 DHA 通用数据。

第 7 章描述了一些可燃性粉尘的特殊考虑因素。其中一个考虑因素是如何解决已建设施中的风险问题：与设计新设施相比，已建设施往往存在更多的限制。该章还讨论了其他一些对固体处理过程进行危害评估时需要注意的问题。

为避免陷入需要大量跟进的状态，组织应实施良好的变更管理计划，定期重新验证粉尘危害分析并进行审查。在采购新设施时，组织应恪尽职守以免发生意外。

第8章为本书的核心部分，其中列举了三个过程示例，介绍了传统的、基于风险的粉尘危害分析：

① 一条配备了进料斗、锤磨机、旋风分离器、收尘器、产品料斗和包装线的生产线。

② 在示例1的基础上用装有易燃溶剂的容器替代了包装线。

③ 一台喷雾干燥器。

本书中采用保护层分析（LOPA）这一基于风险的方法，因为它在过程工业中得到了广泛的应用。

附录A列出了适用于可燃性粉尘的各种法规和规范。

附录B列出了其他有关可燃性粉尘的书籍、文章和其他有用资源。

附录C提供了一些可用于基于风险的粉尘危害分析的通用数据。

附录D列出了在处理粉尘时需要采用的一些良好实践。

附录E给出了"如何进行"粉尘危害分析的流程图，也是本书的指导方针。

1.3 参考文献

CCPS 1999，*Design solutions for process equipment failures*，Center for Chemical Process Safety of the American Institute of Chemical Engineers，New York，NY.

CCPS 2001，*Layer of protection analysis，simplified process risk assessment*，Center for Chemical Process Safety of the American Institute of Chemical Engineers，New York，NY.

CSB 2006，U. S. Chemical Safety and Hazard Investigation Board，Investigation Report，Combustible dust hazard study，Report No. 2006-H-1，November 2006. http：//www. csb. gov/combustible-dust-hazard-investigation/

NFPA 2016，NFPA 652，Standard on the fundamentals of combustible dust，National Fire Protection Association，Quincy，MA. ，2016.

第 2 章

背 景

2.1 粉尘火灾和爆炸问题的性质

2.1.1 粉尘爆炸统计

如第 1 章所述，美国化学品安全与危害调查委员会（CSB）发布了一份关于美国粉尘爆炸的研究报告（CSB 2006）。这项研究是在 2003 年发生了三起粉尘爆炸事故并造成 14 人死亡之后进行的。该研究的时间范围为 1980～2005 年之间，共识别出了造成 119 人死亡 718 人受伤的 281 起重大事故。图 2.1 显示了这 25 年期间的事故数量和伤亡人数。如图 2.2 所示，这些事故来自多个行业。CSB 这份报告的研究范围不包括谷物处理设施和煤矿。

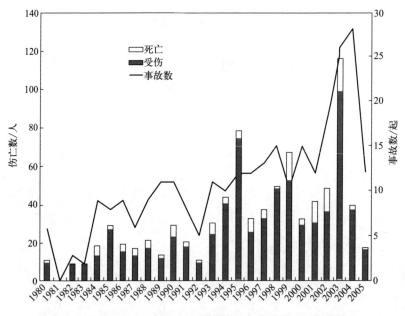

图 2.1　1980～2005 年粉尘事故及伤亡人数统计（CSB 提供）

化工过程安全中心（CCPS）发布的关于粉末和散装固体的指南（CCPS 2005）还引用了其他国家的研究。CSB（2011）中的表 2.1 汇总了在美国、英国和德国 10～15 年间的数据结果。由于这些数据不包括谷物处理发生的爆炸，因此可以得出结论：这些国家每月至少发生一次粉尘爆炸。

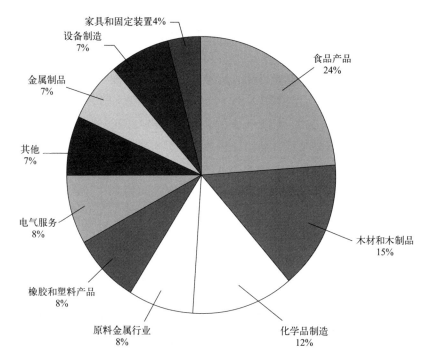

图 2.2 行业事故百分比统计（CSB 提供）

表 2.1 粉尘爆炸事故中涉及的颗粒材料

材料	美国(1985~1995) (FM Global,Febo 2001)		英国(1979~1988)[①] （HSE）		德国(1965~1980) （Eckhoff 1997）	
	事故数量 /起	比例 /%	事故数量 /起	比例 /%	事故数量 /起	比例 /%
木/纸	56	37	69	23	120	34
煤	27	18	24	8	33	9
金属	19	13	55	18	47	13
塑料	8	5	10	3	46	13
食品/谷物	?[②]	?[②]	94	31	88	25
药品/有机物	?[②]	?[②]	27	9	?[②]	?[②]
其他/未知	4	27	24	8	23	6
合计	150	100	303	100	357	100

① 英国的数据包括颗粒火灾事故及 140 起爆炸事故。

② 该材料在参考文献中未明确标识。

2.1.2 案例研究：海格纳士（Hoeganaes）公司

海格纳士的工厂位于田纳西州纳什维尔附近，主要通过将废金属熔化并添加各种其他辅料来生产金属粉末。2011年，该公司发生了多起粉尘闪火和一起引发二次粉尘闪火的氢气爆炸事故，共造成5人死亡，3人受伤（CSB 2011）。

海格纳士的主要产品为含铁99%的粉末。工艺流程包括铁的熔化、冷却以及将其研磨成粗粉。之后将粗粉送入一条30m（100ft）长的带式退火炉（带式炉）中。

在带式炉内通入氢气以减少氧化物并阻止物料氧化。氢气通过地板沟槽中的管道通入炉内，沟槽用金属板覆盖。将退火炉产品（"铁饼"）送至破碎机，然后粉碎成粒径45～150μm的粉末（图2.3）。

图2.3　从海格纳士工厂收集的粉末产品（用一美分硬币对比大小）（CSB提供）

第一起事故： 2011年1月31日，操作工认为输送粉末的斗式提升机"脱轨"（即皮带错位，电机可能由于扭矩增大而停机）。一名维修工和一名电工前来检查设备。他们不认为皮带已脱离轨道，并要求操作工重启电机。电机启动产生的振动导致设备和地板上的粉末飞散（图2.4）。随即发生闪火，火焰吞噬了这两名工人，造成二人死亡。

第二起事故： 2011年3月29日，一名海格纳士的工程师和一名承包商更换带式炉的点火器。由于在重新连接气相管线时遇到了困难,工程师决定用锤子强行连接。锤击导致周边物体表面的大量粉尘扬起并几乎立即点燃,造成工程师一级和二级烧伤,承包商则幸免于难。工程师当时穿戴了阻燃服,可能防止了更严重的烧伤。图 2.5 是 2011 年 2 月 3 日在海格纳土工厂拍摄的照片,拍摄时间大约在事故发生(3 月)前两个月。

图 2.4 2011 年 1 月事故现场(CSB 提供)

图 2.5 2011 年 2 月 3 日海格纳土工厂高架表面堆积的铁粉(CSB 提供)

第三起事故：2011 年 5 月 27 日，带式炉附近的操作工发现地面沟槽发生了气相泄漏，该沟槽内有氢气、氮气、冷却水以及一条用于带式炉放空的管线。之后维修工被派至现场寻找泄漏点并进行维修。在维修工寻找泄漏点时，有一名区域操作工待命。虽然维修工知道氢气管线也在此槽内，但他们仍推测泄漏的是不可燃的氮气，因为最近厂内其他区域曾发生氮气管线泄漏。然而，此次发生泄漏的是氢气管线。由于在没有机械设备协助下沟槽盖板很难抬起，因此维修工决定使用叉车抬起泄漏点附近的盖板。当盖板被叉车拉起时，摩擦产生的火花引起了爆炸。氢气爆炸导致大量铁粉从厂房上部的椽子和其他表面飞散开来（图 2.6）。部分粉尘被点燃，导致该区域内多处发生闪火。三名工人因烧伤过重死亡。之后，在氢气管线的锈蚀管段发现了一个大孔（图 2.7）。

图 2.6　2011 年 2 月 3 日椽子和高架表面上的铁屑（CSB 提供）

图 2.7　2011 年 5 月 27 日事故后 4in❶ 管线上的泄漏孔（CSB 提供）

---

❶　1in＝0.0254m，译者注。

结果与教训（CSB 报告包含的内容）：

① 认识危害和风险。认识危害和风险是 CCPS 基于风险的过程安全管理原则（CCPS 2007）的核心之一。事故发生后，CSB 对海格纳士粉尘进行了可燃性测试。测试结果表明，铁粉为弱爆炸性危害物质，较难点燃。此结果与海格纳士 2008 年保险审查所得结论一致。由此教训可知，即使是弱爆炸性且难以点燃的粉尘仍具有可燃性，此类粉尘仍然是危险的，点燃后即可造成伤亡。在这个案例中，虽然海格纳士掌握了必要的信息，但并未完全认识到可燃性粉尘的危害和风险。

② 汲取经验。汲取经验是 CCPS 基于风险的过程安全管理原则的另一个核心。在 1992 年，海格纳士工厂发生了一起类似 2011 年第三起事故的事件。某炉中氢气爆炸导致粉尘扩散并引发闪火，造成一名员工严重烧伤（全身烧伤面积超过 90%，在医院烧伤病房接受了一年的治疗）。可惜的是，海格纳士并未从此事件中汲取教训。

③ 清洁。对固体处理设施来说保持清洁极为重要。如图 2.4～图 2.6 所示，这三起事故都因为设施中存在的大量可燃性粉尘而加剧。在绝大多数后果严重的粉尘爆炸事故中都存在着设施清洁不善的情况（Frank 2004）。图 2.4～图 2.6 表明，控制粉尘排放和清洁工作在海格纳士并未落实。本来可以控制粉尘的袋式除尘器过滤系统常常停用。CSB 的调查员发现袋式除尘器在停机时，袋子发生了泄漏。保险公司在 2008 年的审查中也指出，该设施多个区域的清洁程度均应改善。不合格的粉尘控制和清洁导致设施表面累积了足够引发闪火的粉尘。

上述缺陷是三起事件的诱因。

2.2 发生粉尘火灾和爆炸的要素

本节仅概述了可燃性粉尘火灾和爆炸现象。有关粉尘火灾和爆炸的更详细的介绍，请参见 Frank、Rodgers 和 Colonna（2012）、Eckhoff（2003）以及 CCPS（2005）。

燃烧的三个要素包括氧化剂（通常是空气）、点火源和燃料。火三角正说明了这一点，过程工业的从业者对此应该很熟悉（图 2.8）。

就可燃性粉尘而言，燃料为固体颗粒。大多数有机固体、很多金属和某些无机固体均可燃烧。

图 2.8　火三角（Crowl 2011）

2.2.1　层火

沉积的粉尘层如果暴露在热表面（例如电机和蒸汽管道）上，会由于放热氧化作用而发生阴燃。即使没有热表面，高温下的散装固体也可能会发生这种情况。如果沉积层的厚度足以阻止热量逸出，那么氧化的热量会使阴燃持续进行。煤、木材、纤维素和其他植物性材料例如谷物等均可能发生闷烧。阴燃火灾可能不会立即对人产生危险，但它可以成为闪火和爆炸的点火源。

阴燃也可能成为一氧化碳排放和聚集的来源，从而形成爆炸危害［SFPE《消防工程手册》（Handbook on Fire Protection Engineering）第 11 章第 2 节第 171~179 页］。

2.2.2　闪火和爆炸

① **固体扩散**。当扩散的可燃性粉尘的粒径足够小时，燃烧速率会变得足够高，并在扩散的可燃性固体云中发生闪火或粉尘爆炸。可燃性固体的重要特征之一为表面积/质量比。固体的燃烧发生在表面上，因此表面积/质量比较高的固体比表面积/质量比低的固体更易燃烧且燃烧得更快。随着物体尺寸的减小，表面积/质量比增大，如图 2.9 所示。表面积/质量比最小的原木很难点燃且燃烧缓慢。对于表面积/质量比较大的细木条例如柴火等，点燃和燃烧的速度比原木快，而木屑点燃和燃烧的速度比细木条更快。另外，随着粒径的减

小，固体颗粒的沉降速率也降低，因此爆炸云将持续更长的时间。

原木 缓慢燃烧　　　　　柴火 快速燃烧　　　　　木屑 粉尘火球或爆炸

图 2.9　表面积/质量比效应（PSP❶ 提供）

② **闪火**。当粉尘粒径减小时，燃烧速率加快。粉尘以适当的浓度分散在空气中时，如果点燃则可能导致闪火。这种扩散可发生在工艺设备中，比如传送带或除尘器内部。在发生泄漏时，也可能发生在工艺设备的外部。在很多后果严重的事故中，爆炸等扰动行为会导致粉尘扩散。图 2.10 将火三角增加了扩散，成为闪火四边形。海格纳士的事故表明，闪火是致命的。

氧化剂

点火源　　　　　　　　　　　　　　　　　　燃料

扩散

图 2.10　闪火四边形

③ **粉尘爆炸**。在本书中，将爆炸定义为"爆燃引起的内部压力升高导致外壳或容器的破裂"。发生粉尘爆炸需要第五个要素，即封闭空间，可以让火灾产生的压力积累到破坏性水平。工艺设备、房间或建筑均可以形成封闭空间。因此，粉尘爆炸就是下列要素的综合结果：

• 燃料（一定颗粒大小的可燃性粉尘）

• 以一定的浓度悬浮

---

❶　根据 2.7 节，PSP 应为 Process Safety Progress 的简写，译者注。

- 位于氧化剂（一般为空气）中
- 封闭空间（设备或房间内）
- 具有足够能量的点火源

图 2.11 为粉尘爆炸五边形，是一种对粉尘爆炸要素非常常用的描述。

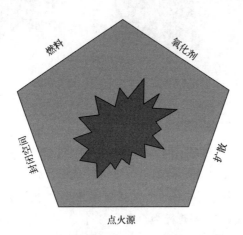

图 2.11　粉尘爆炸五边形（PSP，CEP❶）

④ **粉尘二次爆炸**。首次爆炸的冲击波或振动会使房间或建筑物内水平表面上聚集的粉尘飞散至空气中。扩散的粉尘一旦被点燃，爆炸的后果比首次爆炸严重得多（图 2.12）。很多后果严重的粉尘爆炸（其中一些如表 2.2 所示）往往都涉及粉尘二次爆炸。第 2.1 节中所述的海格纳士事故就是设备外部表面聚集的粉尘（如图 2.5 和图 2.6 所示）受到干扰并产生闪火的例子。

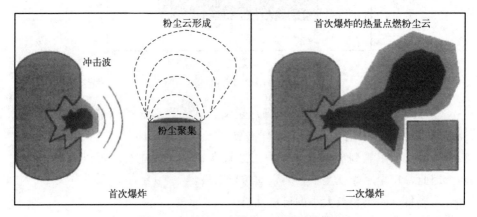

图 2.12　粉尘二次爆炸（OSHA 提供）

---

❶　根据 2.7 节 CEP 应为 Chemical Engineering Progress 的简写，译者注。

表 2.2　二次爆炸事故（Frank 2004 及 Taveau 2006）

地点	事故	后果
金属制品公司,中国昆山,2014 年	铝粉尘爆炸,可能是因为使用不当的电气设备以及生产工艺设备泄漏(Wang 等 2014)	146 人死亡,114 人受伤
Imperial Sugar（帝国糖业）,佐治亚州,2008 年	传送带内部爆炸引起糖粉爆炸并波及整个工厂(图 2.13 和图 2.14)	14 人死亡,36 人受伤
West Pharmaceuticals,北卡罗来纳州,2003 年	吊顶上方的聚乙烯粉尘扩散并被点燃(点火源未知)(CSB 2004)	6 人死亡,12 人受伤
CTA Acoustics,肯塔基州,2003 年	工人在清洁过程中搅动树脂粉尘,粉尘被开放式烤箱点燃,引起多处爆炸(CSB 2005)	7 人死亡,37 人受伤
Hayes Lemmerz,印第安纳州,2003 年	除尘器中的爆炸通过管道传播到工艺区域,使金属铝粉尘发生扩散并被点燃	1 人死亡,7 人受伤
Rouse Polymeries,密西西比州,2002 年	产品干燥器排出废气中夹带的热橡胶掉落到建筑物屋顶上并引发了一场大火。大火蔓延到产品装袋料仓和螺旋输送机,引发了粉尘二次爆炸	5 人死亡,6 人受伤
Jahn Foundry,马萨诸塞州,1999 年	固化炉的火焰或爆炸引起树脂粉尘爆炸	3 人死亡,9 人受伤
Ford Rouge Complex,密歇根州,1999 年	天然气锅炉爆炸使煤尘发生扩散并点燃了煤尘	6 人死亡,14 人受伤
DeBruce 谷物升降机,堪萨斯州,1998 年	谷物筒仓爆炸,可能是轴承过热引起的,并波及整个设施(图 2.15)	7 人死亡,10 人受伤
Blaye,法国,1997 年	谷物筒仓爆炸,可能是由机械冲击、风扇摩擦或多个筒仓中的自热引起的	11 人死亡,1 人受伤
Malden Mills,马萨诸塞州,1995 年	尼龙绒毛在清洁中发生扩散,被点燃并爆炸	20 人受伤
Metz,法国,1983 年	麦芽厂筒仓因动火作业起火爆炸	12 人死亡,2 人受伤

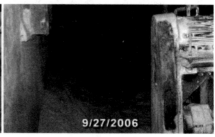

图 2.13

图 2.13   帝国糖业的粉尘积聚（CSB 提供）

图 2.14   帝国糖业事故现场（CSB 提供）

图 2.15   DeBruce 爆炸后的谷物升降机（Taveau 2012）

2.3 可燃性和爆炸性参数

有一系列常用参数用于表征粉尘爆炸。很多测试程序都要求将样品干燥至含水量小于 5% 并过筛，然后对小于 200 目（75μm）的样品进行测试。这是为了呈现出某一物料的最坏后果。某些情况下，机构可能会要求直接从工艺设备中采样以免测试过于保守。这样做的风险在于，在流程的某一特定位置，或者在启动、关闭、失常的特殊状态下可能会有较细的干燥物料产生并累积。而采样的物料特性就无法代表此类较细的物料扩散并点燃的后果，从而导致流程中某些位置的保护不足。以下将介绍一些确定粉尘爆炸参数值的测试方法。

2.3.1 爆炸性筛查测试

爆炸性筛查测试用于确定粉尘是否具有爆炸风险。将两种浓度（通常为 1000gm/m^3 和 3000gm/m^3）的粉尘样品分散在测试室内并暴露于点火源下。检测测试室内的压力升高情况。用爆燃所产生的最终压力除以初始压力。如果压力比（PR）小于 2，则认为粉尘不具有爆炸性。标准 ASTM E1226-12a（ASTM 2012）描述了这一试验。

2.3.2 爆燃指数，K_{St}（bar·m/s）[1]

爆燃指数是用于衡量封闭容器中爆炸压力上升速度的指标。该指数用来确定爆炸泄放口的尺寸和设计抑爆系统。K_{St} 的计算方式为：测量最佳浓度下粉尘的最大爆炸压力上升速率 $(\text{d}P/\text{d}T)_{\max}$，然后乘以测试设备体积的立方根 $[K_{St} = (\text{d}P/\text{d}T)_{\max} \times V^{1/3}]$。$K_{St}$ 的测量使用 20L（图 2.16）或 1m^3 的容器。K_{St} 值被分为三个危害级别，如表 2.3 所示。标准 ASTM E1226-12a 和 EN 14034-2/ISO 6184（ASTM 2012 和 EN 2011）涵盖了本测试。

---

[1]　$1\text{bar} = 10^5 \text{Pa}$，译者注。

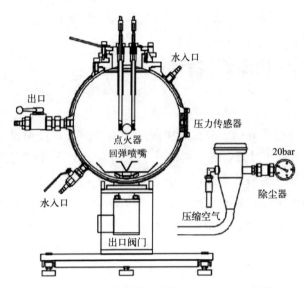

图 2.16   20L 测试球体示意图（Kuhner AG 提供）

表 2.3   粉尘危害分级

粉尘危害分级	K_{St}/(bar·m/s)
St 1[①]	>0 且<200
St 2	201~300
St 3	>300

① 即使是较低的 K_{St} 值也是危险的（海格纳士事故中的粉尘 K_{St}=19）。

2.3.3   最大爆炸压力，P_{max}（bar）

在最佳浓度下测得粉尘云的最大爆炸压力。此浓度不一定与计算 K_{St} 中 $(dP/dT)_{max}$ 所用的浓度相同。P_{max} 与 K_{St} 使用相同的仪器测量，用于确定泄放口尺寸、抑爆设计和耐爆设计。标准 ASTM E1226-12a 和 EN 14034-2/ISO 6184（ASTM 2012 和 EN 2011）涵盖了本测试。

2.3.4   爆炸下限浓度，MEC（g/m³）

爆炸下限浓度是可燃性粉尘可以传播爆燃的最低浓度。MEC 同样使用 20L 或 1m³ 的设备测量。当使用浓度控制作为安全设计基础时，该值用于设定工艺控制限值。标准 ASTM E1515 和 EN 14034-3/ISO 6184（ASTM 2014

和 EN 2011a）涵盖了本测试。

2.3.5　最小点火能，MIE（毫焦，mJ）

最小点火能指能够点燃最易着火浓度粉尘云的最小火花能量。MIE 一般在哈特曼管（1.2L 的圆柱形腔室）中测量，但也可在 20L 的设备中测量。MIE 主要用于评估可燃性粉尘在静电放电时的易燃性，但也与摩擦火花相关。MIE 测试可在有电感和无电感的情况下进行，但通常是在无电感的情况下测量；与有电感相比，无电感所得的值更高且更能反映静电火花的情况。MIE 测量是在标准条件下完成的，但是此值在高温下会变低，在粉尘危害分析（DHA）时应考虑这一点。标准 ASTM E2019-03 和 EN 13821（ASTM 2013，EN 2003）涵盖了本测试。

2.3.6　粉尘云最低自燃温度，MAIT（℃）

MAIT 指能够点燃以云状分散的粉末或粉尘的最低表面温度。MAIT 测试在 Godbert-Greenwald 炉或 BAM 炉中进行。MAIT 是评估粉末和粉尘点火敏感性的一个重要因素，而且与确定粉尘环境下电气和机械设备的最高工作温度有关。标准 ASTM E1491 和 IEC 61241-2-1（ASTM 2012a，IEC 1994）涵盖了本测试。

2.3.7　层点火温度，LIT（℃）

层点火温度（也称粉尘层热表面点火温度或最低点火温度，MIT），测量 5mm（0.2in）或 12.7mm（0.5in）厚的粉尘层条件下能够点燃粉末或灰尘的最低表面温度。LIT 结合粉尘云的 MAIT 可用于确定粉尘环境中电气设备和机械设备的最高工作温度。标准 ASTM E2021 和 IEC 61241-2-1（ASTM 2015，IEC 1994）涵盖了本测试。

2.3.8　极限氧浓度，LOC（%O$_2$）❶

LOC 指惰性气体/氧气/可燃性粉尘混合物中能够支持粉尘云燃烧的最低

---

❶　此处为氧气（O$_2$）的体积分数。

氧气浓度。氧气浓度低于 LOC 的环境下不会发生燃烧，因此也不会发生粉尘闪火或爆炸。通常用氮气作为测定 LOC 的惰性气体；使用其他惰性气体（例如二氧化碳）时，LOC 会有所不同。LOC 的意义在于使用惰性气体预防爆炸或降低后果严重性，以及在惰性系统和容器中设置氧气浓度警报或联锁。可使用 20L 设备进行 LOC 测试。标准 ASTM E2931 和 EN 14034-2（ASTM 2013a，EN 2011）涵盖了本测试。

2.3.9 体电阻率（Ω·m）

体（也称体积）电阻率是一种表示材料电阻的方法，也是将粉末和粉尘分为低绝缘、中绝缘或高绝缘的主要标准。本测试也用在危害评估中；绝缘材料具有产生和保留静电荷的倾向，在暴露于接地的设备或人员中时会产生有害的静电放电。标准 ASTM D257 和 IEC 61241-2-2（ASTM 2014a，IEC 1994a）涵盖了此测试。

2.4 与可燃性蒸气的对比

① **相似性**。粉尘燃烧的要求与蒸气相同：燃料、点火源和氧化剂（例如空气）。第 2.3 节中所述很多参数对于粉尘和蒸气都是适用的。蒸气的爆燃指数称为 K_G。MEC 相当于蒸气的可燃下限（LFL）。蒸气也有 MIE 和 LOC。MAIT 相当于蒸气的自燃温度。

② **差异性**。对于蒸气来说，LFL 和 UFL 等特性都是固有特性，而粉尘则不同。如第 2.3 节末尾所述，MEC 随粒径变化而变化，属于外在特性。这是因为燃烧是在粉尘颗粒表面发生的。此外，测试参数（如点火器能量）可能会对测试结果产生较大影响。

另一个差异是蒸气的可燃上限（UFL）。对于粉尘，也有相当于可燃上限的指标，但很难测量。如果可燃性粉尘云最初浓度太高而无法点燃，粉尘沉降时浓度将到达可燃区域。封闭的蒸气云就不会发生这种情况。因此，可燃性粉尘的 UFL 几乎没有价值并且很少用到。

蒸气的 MIE 通常比粉尘低好几个数量级。如果 MIE 为 1～3mJ 的粉尘属于极易燃烧的粉尘，那么 MIE 为 1mJ 对于蒸气来说则属于较高的范围，有些气体的 MIE 仅为百分之一毫焦（例如 H_2 的 MIE 为 0.012mJ）。

③ **杂混物**。NFPA 69 将杂混物定义为"一种可爆炸非均质混合物，含有气体和悬浮固体或液体颗粒，其中可燃性气体的总浓度≥燃烧下限（LFL）浓度的 10%，悬浮颗粒物的总浓度≥爆炸下限浓度的 10%"。可燃性粉尘中可能存在蒸气，比如，当固体在溶剂中制成且溶剂没有完全除去时，固体中残留了一些可燃性挥发物。将颗粒状固体添加到可燃性液体中时，也会出现杂混物。杂混物尤其危险，因为它可以在低于蒸气 LFL 或粉尘 MEC 时被点燃。由于气体的 MIE 低于粉尘，因此杂混物的 MIE 低于粉尘的 MIE，而 K_{St} 将高于粉尘的 K_{St}。

2.5 参数的影响

如上所述，可燃性粉尘爆炸参数是固体的外在特性，而不是固有特性。较小的粒度意味着较高的表面积/质量比，从而使大多数参数变得更差。K_{St} 升高，P_{max} 也有所升高，虽然升高的幅度较小。MEC、MIE、LIT、MAIT 和 LOC 则降低。表 2.4 说明了五个主要因素对粉尘爆炸性的影响。

表 2.4 参数/特性对粉尘爆炸性的影响

参数	影响	影响力
湿度升高（水）	缓解[①]	中度到重度
易燃溶剂含量升高	加剧	严重
粒径减小	加剧	重度到严重
电阻率升高	加剧	中度到重度
最小点火能升高	缓解	中度到重度

① 水可能会增强某些金属粉尘的爆炸强度。

2.6 总结

粉尘闪火和爆炸发生频繁。美国、英国和德国的调查显示，这三个国家每月至少发生一次事故。

固体燃烧需要的基本要素与蒸气燃烧相同。火三角（燃料、氧化剂和点火源）仍然适用。固体粒径变小，表面积/质量比增大，从而加快了燃烧速率。粒径足够小时，如果粉尘发生扩散，点火源就会导致闪火。如果扩散发生在设备或房间中，则可能导致爆炸。

在历史上，后果最严重的事故都涉及二次爆炸。这是指堆积在工艺区域（地板、设备、横梁、天花板上方等）的粉尘在一次爆炸后发生扩散并被该爆炸点燃。预防粉尘二次爆炸的主要措施是设计工艺以消除或控制粉尘泄漏并保持厂区清洁。

用于表征可燃性粉尘的参数包括 K_{St}、P_{max}、MEC、MIE、LOC、LIT、MAIT 和体电阻率，但这些都不属于材料的基本属性。相反，这些参数在很大程度上取决于测试条件以及粉尘粒径和含水度。粒度越小，粉尘的起火/爆炸危险越大。这些参数可用于危险评估，以及预防和缓解措施的设计。

蒸气和粉尘的杂混物会造成更严重的后果。因为这种混合物能被点燃的浓度比蒸气或粉尘本身都低，点火能量也比粉尘本身低。另外，燃烧的强度也可能大于任一组分本身的燃烧强度。

2.7 参考文献

ASTM 2012，ASTM E1226-12a，Standard test method forexplosibility of dust clouds，ASTM International，West Conshohocken，PA.

ASTM 2012a，ASTM E1491 Standard test method for minimum auto ignition temperature of dust clouds，ASTM International，West Conshohocken，PA.

ASTM 2013，ASTM E2019-03，Standard test method for minimum ignition energy，ASTM International，West Conshohocken，PA.

ASTM 2013a，ASTM E2931 standard test method for limiting oxygen（oxidant）concentration of combustible dust clouds，ASTM International，West Conshohocken，PA.

ASTM 2014，E1515，Standard test method for minimum explosible concentration of combustible dusts，ASTM International，West Conshohocken，PA.

ASTM 2014a，ASTM D257，Standard test methods for DC resistance or conductance of insulating materials, ASTM International, West Conshohocken, PA.

ASTM 2015, ASTM E2021, Standard test method for hot-surface ignition temperature of dust layers, ASTM International, West Conshohocken, PA.

CCPS 2005, *Guidelines for safe handling of powders and bulk solids*, American Institute of Chemical Engineers, Center for Chemical Process Safety, New York, New York, 2005.

CCPS 2007, *Guidelines for risk-based process safety*, American Institute of Chemical Engineers, Center for Chemical Process Safety, New York, New York, 2007.

Crowl 2012, 'Minimize the risks of flammable materials', Chemical Engineering Progress, pp. 28-33, April, 2012.

CSB 2004, U.S. Chemical Safety and Hazard Investigation Board, Incident Report, West pharmaceutical services, Inc., Report No. 2003-07-1-NC, September 2004.

CSB 2005, U.S. Chemical Safety and Hazard Investigation Board, Investigation Report, Combustible dust fire and explosions-CTA Acoustics, Inc., Report No. 2003-09-I-KY, February 2005.

CSB 2006, U.S. Chemical Safety and Hazard Investigation Board, Investigation Report, Combustible dust hazard study, Report No. 2006-H-1, November 2006.

CSB 2011, U.S. Chemical Safety and Hazard Investigation Board, Case Study, Hoeganaes Corporation: Gallatin, TN, Metal dust flash fires and hydrogen explosion, Report No. 2011-4-1-TN, December 2011.

Eckhoff 2003, *Dust explosions in the process industries*, 3rd. ed., New York, Elsevier, 2003.

EN 2003, EN 13821 Potentially explosive atmospheres-Explosion prevention and protection-Determination of minimum ignition energy of dust/air mixtures.

EN 2011, EN 14034-2, Determination of explosion characteristics of dust clouds-Part 2: Determination of the maximum rate of explosion pressure rise (dp/dt) max of dust clouds, (ISO 6184/1: 1985).

EN 2011a，EN 14034-3，Determination of explosion characteristics of dust clouds. Determination of the lower explosion limit LEL of dust clouds，（ISO 6184/1：1985）．

EN 2011b，EN 14034-4 Determination of explosion characteristics of dust clouds-Part 4：Determination of the limiting oxygen concentration LOC of dust clouds.

IEC 1994，IEC 61241-2-1，Electrical apparatus for use in the presence of combustible dust-Part 2：Test methods-Section 1：Methods for determining the minimum ignition temperatures of dust，International Electrotechnical Commission，Geneva，Switzerland.

IEC 1994a，IEC 61241-2-2，Electrical apparatus for use in the presence of combustible dust. Test methods. Method for determining the electrical resistivity of dust in layer，International Electrotechnical Commission，Geneva，Switzerland.

Frank 2004，'Dust explosion prevention and the critical importance of housekeeping'，Process Safety Progress，Vol. 24，No. 3，September 2004.

Frank，Rodgers and Colonna 2012，*NFPA Guide to combustible dusts*，Quincy，MA，2012.

Taveau 2012，'Secondary dust explosions：How to prevent them or mitigate their effects'，Process Safety Progress，Vol. 31，No. 1，March 2012.

Wang，et al. 2014，WangWeijian，Bai Jianfeng，Yao Xueqing，State Council investigation team findsKunshan explosion was a major liability accident，*People's Daily*，August 5，China.

第3章

设备内部的粉尘危害

3.1 预防、保护和缓解方法

本章节提供了有关爆炸预防和保护系统的通用指南，但并非详细讨论。如需了解更多详情，读者可参考下列来源。

• Avoiding Static Ignition Hazards in Chemical Plants（Britton 1999）

• Electrostatic Ignitions of Fires and Explosions（Pratt 1997）

• Guidelines for Safe Handling of Powders and Bulk Solids（CCPS 2005）

• FM Global（FMG）7-76，Prevention and Mitigation of Combustible Dust Explosion and Fire（FMG 2013）

• NFPA 61：Standard for the Prevention of Fires and Dust Explosions in the Agricultural and Food Processing Industry（NFPA 2013）

• NFPA 68，Standard on Explosion Protection by Deflagration Venting（NFPA 2013b）

• NFPA 69，Standard on Explosion Prevention Systems（NFPA 2014a）

• NFPA 77，Recommended Practice on Static Electricity（NFPA 2014b）

• NFPA Guide to Combustible Dusts（Frank，Rodgers 和 Colonna 2102）

• NFPA 484，Standard for Combustible Metals（NFPA 2015）

• NFPA 499，Recommended Practice for the Classification of Combustible Dusts and of Hazardous（Classified）Locations for Electrical Installations in Chemical Process Areas（NFPA 2013c）

• NFPA 652，Standard on the Fundamentals of Combustible Dust（NFPA 2016）

• NFPA 654：Standard for the Prevention of Fires and Dust Explosions from the Manufacturing，Processing，and Handling of Combustible Particulate Solids（NFPA 2017）

• Static Electricity：Rules for plant safety [Expert Commission for safety in the Swiss Chemical Industry（ESCIS）1988] .

• VDI 2263，Dust fires and dust explosions：hazards，assessment，protective measures（VDI 1992）

截止到本书编写之时，VDI 2263 由多个部分组成，按 1～8 编号。每一部分涵盖不同类型的粉尘处理设备。

3.1.1 点火源控制

接地和等电位连接。NFPA 77《静电推荐做法》（Recommended Practice on Static Electricity）（NFPA 2014b）提供了关于如何正确接地和等电位连接设备的指导。建议使用导电设备和管道系统。虽然接地电阻应小于 1000000Ω，以消除静电，但全金属结构的工厂接地电阻应小于 10Ω。如果可燃性固体不导电，仅采用接地和等电位连接并不能消除所有的静电放电，此时仍然会发生锥形放电。

可燃性粉尘的 MIE 应被测量。测量时使用的样品的粒径应至少与所考虑的粉尘一样细。MIE 低于 30mJ 时，人体产生的静电火花就可以点燃粉尘云。如果粉尘的 MIE 小于 30mJ 并且人员可能会接触到可燃性粉尘云，在该区域工作时应保证人员接地。根据 NFPA 77（2014b，77-20 页）的规定，接地电阻小于 $10^6\Omega$ 的耗散型防静电鞋和地板可作为一种解决方法。

电气分类。电气或加工设备产生的火花或热表面可能成为粉尘层或粉尘云的点火源。NFPA 499《化学工艺区可燃性粉尘的分类及电气安装危险性分类推荐做法》[Recommended Practice for the Classification of Combustible Dusts and of Hazardous（Classified）Locations for Electrical Installations in Chemical Process Areas]（NFPA 2013c）和国际电工委员会（IEC）60079-10-2《爆炸性环境-第 10-2 部分：危险场所分类-可燃性粉尘环境》（Explosible Atmospheres-Part 10-2：Classification of Areas-Combustible Dust Atmospheres）（IEC 2009）提供了如何对区域进行分类的指南。NFPA 499 用一系列图表显示了各种情况下的电气区域分类示例。在分类区域中使用的电气设备的设计、构造和安装应确保不会引起点火危险。

在美国，可燃性粉尘被认为是二类大气危害。二类区域内细分为 1 区和 2 区。1 区位置是指存在以下可燃性粉尘的区域："在正常操作条件下，空气中可燃性粉尘的数量足以产生爆炸或可燃性混合物"，或者在异常操作条件下可能同时产生爆炸性混合物和火源，或者金属粉尘"以足够危险的量存在"的区域。

2 区位置是指可能存在以下可燃性粉尘的区域：在非正常运行情况下，"数量足以产生爆炸性或可燃性混合物"，其中"存量累积，但量一般不足以干扰电气设备或其他设备的正常运行"，但这些粉尘可能因为某些故障而悬浮在空气中，或者"电气设备上或其附近的累积粉尘足以干扰安全散热"（NFPA

2013c)。

在欧洲，采用区域分类系统。处理可燃性粉尘的区域为2区（如果机构选择这么做，则在美国也可以使用区域分类系统）。在区域分类系统中，区域分别为20、21和22。20和21区对应1区。20区和21区的区别在于：在20区中，可燃性粉尘的易燃浓度持续或长期存在；在21区中，可燃性粉尘的易燃浓度在正常运行中只是偶尔存在，或者在维护和修理期间频繁存在。22区相当于美国体系中的二类2区。

用户应适当参考其他国家采用的电气分类系统。

动火作业控制。明火、焊接、打磨或切割产生的火花都是足够强大的点火源，足以点燃大量的粉尘，甚至是MIE大于1000mJ的粉尘。良好的安全工作许可证制度对预防此类点火源十分重要。参考NFPA 51B《焊接、切割和其他动火作业期间的防火标准》（Standard for Fire Prevention During Welding, Cutting and Other Hot Work）（NFPA 2014c）。

清除作业场所粉尘积聚层与动火作业控制紧密相关。在任何动火作业之前都应当清除可燃性粉尘积聚层。动火作业之前还应清除设备内部沉积的可燃性粉尘。

机械点火源。轴承或设备部件之间的机械摩擦也是潜在的点火源。由于维护程序不充分或轴承未进行维护或难以维护的情况下，未润滑的轴承可成为点火源。要使这些设备保持良好的工作状态，需要进行适当的维护，包括确定维护项目和书面程序。在某些情况下，建议通过振动、功率监控或温度监控来检测机械的摩擦问题。应制定响应振动和功率报警以及维护有关设备的书面程序。在转动设备的固体进料点使用筛网、格栅、气动或电磁分离器可有效地防止因外部材料（例如岩石、螺栓等）产生火花引起的机械点火。

3.1.2 惰化/氧化剂控制

如果MIE小于10mJ，特别是当MIE小于3mJ或存在杂混物时，建议考虑惰化。如选择惰化作为安全基础措施，必须确定极限氧浓度（LOC）。一般使用氮气作为确定LOC的惰性气体；但其他气体的LOC会有所不同，应根据将要使用的惰性气体来确定。

在连续监测氧气浓度的情况下，NFPA 69《防爆系统标准》（Standard on Explosion Prevention Systems）（NFPA 2014a）要求，如果LOC大于或等于5%，则氧气浓度应比LOC低2%（体积分数，下同）；如果LOC小于5%，则氧气浓度应为 LOC 的 60％。这种系统很可能是安全关键系统或安全仪表系统（SIS）的一部分，因此需要按预定的频率进行适当的测试。

如未连续监测氧气浓度，则 NFPA 69 要求，如果 LOC 大于或等于 7.5％，则氧气浓度应比 LOC 低 4.5％；如果 LOC 小于 7.5％，则氧气浓度应为 LOC 的 40％。

3.1.3　可燃浓度控制

可燃浓度控制取决于是否能将粉尘浓度控制在 MEC 以下。如果使用仪表系统控制可燃性粉尘的浓度，NFPA 69 要求其浓度低于 MEC 的 60％。同样，这样的系统可能是安全关键系统或安全仪表系统（SIS）的一部分，因此需要进行适当的测试。如不通过仪表系统控制，可燃性粉尘浓度必须低于 MEC 的 25％。《NFPA 可燃性粉尘指南》（NFPA Guide to Combustible Dusts）（Frank，Rodgers 和 Colonna 2012）介绍了可燃性粉尘浓度控制系统的设计步骤。

3.1.4　泄爆

点火源控制、惰化和可燃浓度控制都是预防粉尘着火和爆炸的手段。而泄爆则是在压力可能导致设备损坏之前提前释放压力来减轻爆炸的影响。必须先确定爆燃指数 K_{St} 和最大爆炸压力 P_{max}，才能确定泄放口的大小。此外，还需要设备和泄放口开启压力、容器体积和强度等信息作为设计输入。NFPA 68《爆燃泄压指南》（Standard on Explosion Prevention by Deflagration Venting）（NFPA 2013b）和 EN 14491-2012《欧洲标准：粉尘防爆通风保护系统》（European Standard：Dust explosion venting protective systems）（EN 2012）给出了泄放口设计公式。

标准要求泄爆出口应设置在安全位置。由设计人员或操作人员评估爆燃是否泄放到了安全位置。对于建筑物中的设备，必须利用管道将爆燃泄放到建筑物外。如果房间足够大且释放出的气体和粉尘无毒，有时可以使用带有微粒滞留装置和阻火器的泄爆口（称为无焰泄放口）（参见 NFPA 68 第 4.2.1 节和第 6.9.4 节）。由于受保护设备中的氧气不足，释放的气体可能温度很高，并且含有一氧化碳。

3.1.5 爆燃抑制

在检测到爆炸时，抑爆系统会向设备中注入抑制剂（比如碳酸氢钠 161、磷酸一铵或水）。抑制剂吸收爆燃产生的热量，从而阻止爆燃。抑爆系统的设计以制造商的专有公式为基础。抑爆系统是一种安全关键系统，是构成安全仪表系统的一部分，因此需要定期进行测试。NFPA 69 对此有明确规定。

清洗工艺设备时，可能需要停止并断开抑爆系统的电源，即将系统锁定和挂牌，以免意外触发抑爆系统。NFPA 69（2014a，69-16 页）要求对工艺流程进行联锁，使其在重新部署抑爆系统之前无法重新启动。如抑爆系统发生系统跳车或故障时，带有抑爆系统的大多数工艺流程都会联锁停车。

3.1.6 爆炸封闭

爆炸封闭是一种规定容器的设计压力使其能够承受爆炸超压的方法。通过爆炸严重度实验得到粉尘的 P_{max}。最大爆炸压力一般为初始压力的 8～10 倍。为了通过压力封闭来保护连通的设备，设备必须有爆燃隔离装置或连接管道设有泄爆口，或者管道系统的设计压力必须能够承受初始爆炸产生的压力波所导致的压力增高。设计人员应采用 NFPA 69 或适当的当地标准中的设计公式。

为了确定正确的设计压力，设计人员或操作人员必须决定是否可以接受容器的永久变形。如果在更换设备之前装置可以停止运行或者提供了足够的冗余，那么变形是可以接受的。因此，这是一种商业决策。

3.1.7 爆燃隔离

爆燃可以从装置内的一台设备传播到另一台设备上。火焰前方的压力逐渐增高（这种现象称为压力堆积），会导致其他容器中爆炸初始压力升高。较高的初始压力会让泄放、抑制或封闭保护变得更加困难，甚至不切实际。隔离系统通过阻止火焰和/或压力前沿来防止爆炸蔓延。

爆燃隔离（隔爆）系统可以是对压力变化做出反应的被动系统，也可以是检测压力变化并对其进行反应的主动系统。被动系统包括浮球阀、翻板阀、旋转阀和阻火器等。主动系统包括化学隔离、快动闸阀、主动浮球阀和高速夹管阀等（NFPA 2014a）。主动系统需要定期测试。如果设计得当，旋转阀也可实现隔爆功能。如需了解更多信息，可以参阅 NFPA 69 第 11 章和第 12 章以及 NFPA 654。

3.2 问题

在评估处理或加工可燃性粉尘设备内的粉尘爆炸危害时，应考虑以下粉尘爆炸五边形要素：

① 燃料（以一定粒径和浓度的可燃性粉尘形式存在）

② 悬浮（一般在空气中）

③ 氧化剂（一般为空气）

④ 受限空间（设备或房间内）

⑤ 点火源

在大多数固体处理设备中都存在前四个要素，因此发生爆炸唯一需要的只有点火源。表 3.1（FMG 2013）根据某保险机构的数据列出了涉及粉尘爆炸的工艺设备清单。

表 3.1 涉及粉尘爆炸的设备

设备名称	事故数/起	比例/%
除尘器	66	40
研磨机/粉碎机	22	13
干燥器/烤箱	15	9
筒仓	14	8
输送系统[①]	13	8
搅拌器/混合器	5	3
其他或未知	31	19
总计[②]	166	100

① 输送系统包括输送机、管道和斗式提升机。

② 美国（1983～2007）（改编自 FM Global DS-7-76，2014，作者：Febo 2014）。

注意：表 3.1 并非完整地罗列了所有可能引起粉尘火灾和爆炸的设备。不能根据所列数字推断频率。暴露在粉尘中的工艺装置总数是未知的，而且该数据仅反映了一家保险公司客户的情况。

第 3.2.1 节至第 3.2.8 节介绍了几类设备/装置的操作，以及它们的危害、问题、可能的点火源、潜在的设计解决方案及防爆和缓解技术，旨在帮助读者评估可燃性粉尘的危害。

进行粉尘危害分析（DHA）时，需要根据一些基本的粉尘爆炸数据来确定火灾或爆炸的可能性和潜在严重性。这些数据包括爆炸下限浓度（MEC）、最小点火能（MIE）、最低自燃温度（MAIT）、层点火温度（LIT）和爆燃指数（K_{St}）。MEC、MIE、MAIT 和 LIT 越低，意味着粉尘越容易点燃。K_{St} 越高，说明爆炸的严重性越高。

> **注意**：第 3.2.1 节至第 3.2.8 节并非完整地罗列了各设备/装置的操作。任何潜在的设计解决方案和点火源控制策略并不意味着从监管的角度解释针对特定设备的强制保护要求。准确来说，这些只是建议的保护方式，应作为 DHA 的一部分进行评估。

3.2.1　空气/物料分离器

（1）过滤介质除尘器（袋式除尘器、筒式过滤器等）

① **关注问题**。根据 FM Global 的损失数据（见表 3.1），袋式除尘器是粉尘爆炸中最常涉及的设备。袋式除尘器内某些部位的粉尘浓度常常高于 MEC。袋式除尘器中收集到的最细的粉尘颗粒可能有比大部分粉尘更低的 MIE 和更高的 K_{St}。如果过滤后的空气再循环到建筑物中，在发生火灾或粉尘爆炸时，可能导致回火和/或窜压到工艺区。此外，爆炸也极有可能向上游和下游扩散。过滤器的脉冲或振动都可能导致短暂产生浓度高于 MEC 的可燃性粉尘云。这也可能导致泄漏，从而引发清洁问题。FM Global 发布了有关除尘器的财产损失预防数据表 FM DS 7-73，Dust Collectors and Collection Systems（FMG 2012）。

② **潜在的点火源**

- 非接地组件（例如过滤笼、袋夹）的静电放电或颗粒在不导电表面上的撞击
- 过滤器的脉冲或振动可能会挤压过滤器部件，引起接地失效
- 上游设备的火花或阴燃物料进入

③ **潜在的解决方案和点火源控制策略**（CCPS 2005，Barton 2002，NFPA

2014b)

- 尽可能将除尘器布置在室外。谨慎的做法是将除尘器布置在屋顶上并限制人员进入袋式除尘器附近。
- 除尘器和上游设备之间设置防爆隔离装置。
- 提供预防措施，例如高位开关、自动排放或例行手动卸料，以防料斗过满。
- 在料斗底部安装旋转阀用于爆炸隔离。
- 在滤袋上设置差压变送器或在过滤后空气管线上安装破袋检测仪，以防颗粒进入鼓风机并被点燃。
- 在鼓风机前方安装精密过滤器并监测压差，以确保在高压差时关闭鼓风机。
- 如将空气再循环回建筑物，需安装隔爆装置或采用其他方法以防止爆炸传播到袋式除尘器后的建筑物中。
- 测量 MEC（注意：仅当没有发生堆积粉尘反吹或进口粉尘低于 MEC 且频繁反吹时，将除尘器中粉尘浓度始终低于 MEC 作为判断标准才有效）。
- 在检测到火灾或爆炸时联锁关闭排风机和出口阀门。
- 进行定期检查和维护。
- 根据 NFPA 68 或 NFPA 69 的要求，采用泄放、抑制、惰化或封闭等防爆方式。
- 接地并连接所有导电部件。
- 初次安装、组装/拆卸时验证接地和等电位连接的有效性。
- 确保过滤笼和管板夹之间牢固连接。
- 处理杂混物或导电粉尘时，考虑使用导电过滤介质（NFPA 2014b）。
- 避免适用非导电部件。
- 避免在导电部件上涂覆非导电涂层。
- 在上游安装带灭火系统或导流系统的火花检测器。
- 对于杂混物、可燃性金属粉尘，应使用静电耗散或导电滤袋（如安装时未正确接地，可能会增大风险）（CCPS 2005，NFPA 2014b）。

（2）旋风除尘器

① **关注问题**　与袋式除尘器相比，旋风除尘器中粉尘发生火灾和爆炸的概率要低得多。沉积在旋风除尘器内的热敏物料可能会自行发热并燃烧发光。如果这些物料脱离旋风除尘器，将导致下游设备起火。爆炸会从其他设备传播

到旋风除尘器内并进一步传播。

② 潜在的点火源

- 静电释放
- 旋风除尘器壁上沉积物的热分解
- 上游设备的火花或阴燃物料进入

③ 潜在的解决方案和点火源控制策略（CCPS 2005）

- 如有可能，布置在室外。
- 安装检查口并定期监测沉积物。
- 根据 NFPA 68 或 NFPA 69 的要求，采用泄放、抑制、惰化或封闭等防爆方式。
- 在旋风除尘器和其他设备之间设置防爆隔离。
- 接地并连接所有导电部件。
- 制定旋风除尘器定期清洁或检查方案，并安装喷嘴等纠正方法。
- 在上游安装带灭火系统或导流系统的火花检测器。

3.2.2　粉碎设备（研磨机、粉碎机等）

① 关注问题。粉碎设备可能成为粉尘爆炸源，尽管气流式粉碎机与冲击式粉碎机相比更不可能成为爆炸源。研磨或粉碎会增加粉尘的能量，从而让物料的温度升高。过热的物料可能成为下游的点火源。某些粉碎机的内部空间足够小且足够拥挤，因此粉碎机内部不太可能发生粉尘爆炸。但是，爆炸传播到其他设备的可能性很大。进料速度太低或太高或出口阻塞都会导致物料温度升高，从而加剧过热。对于粉碎设备，粉尘泄漏进入操作区是非常需要关注的问题。

② 潜在的点火源

- 杂质金属或其他异物点火
- 锤头或其他内部零件丢失
- 固体摩擦热
- 颗粒过热（进料速度不正确、出口阻塞、空气流量不足）而分解
- 研磨机零件接触/摩擦
- 静电释放

③ 潜在的解决方案和点火源控制策略（CCPS 2005，Barton 2002）

- 测试粉末的热分解起始温度
- 将粉碎机布置在带防爆墙的单独房间中

- 监测粉碎机进料速率，进料速度偏离时报警或停机
- 监测温度并安装高温自动停机装置
- 在室内安装除尘系统
- 在研磨机和其他设备之间设置隔爆设施
- 根据 NFPA 68 或 NFPA 69 的要求，采用泄放、抑制、惰化或封闭等防爆方式
- 制订轴承润滑和轴校准维护计划
- 用磁力分离器、筛网等去除进料中的异物
- 监测振动作为轴承故障的信号，并自动停机
- 监视电机电流消耗作为轴承故障和其他项目的信号，并自动停机
- 接地并连接所有导电部件
- 在出口安装火花检测器，自动停机

3.2.3 干燥器

① **关注问题**。与研磨机一样，干燥器会增加粉尘的能量从而导致燃烧。温度控制系统故障或进料速度低时可能导致物料过热，从而引起分解和/或阴燃。来自干燥器的高温产品可能在下游设备中分解。同样，高温下 MIE 也会降低。干燥杂混物（粉尘/易燃蒸气混合物）的危害甚至更大，因为混合物的 MIE 比单独的固体更低。应测试被干燥材料的 MAIT、LIT 和热分解起始温度。应了解材料热稳定性与时间和温度的关系。处理热不稳定材料时须格外小心，应参考更多其他资源以保证适当的设计和操作。

② **喷雾干燥器、闪蒸干燥器、流化床干燥器**。使用这些类型的干燥器时，干燥器壁和表面上可能形成沉积物。沉积物长时间暴露于热空气/加热介质（特别是在气流较低的情况下）中可能会发生热分解。阴燃沉积物可能会脱落并在下游引起火灾或爆炸。

③ **搅拌型干燥器**。搅拌型干燥器运动部件的接触或摩擦会导致固体过热。在某些情况下，可能在停滞的位置形成沉积物并发生沉积物阴燃。

④ **潜在的解决方案和点火源控制策略**（CCPS 2005，Barton 2002）

- 根据 NFPA 77 要求进行等电位连接和接地。
- 根据 NFPA 68 和 NFPA 69 的要求，采用惰化、泄放、抑爆或在低于 MEC 下操作等防爆方式。对于喷雾干燥器，允许采用分体积进行泄爆计算。
- 如处理易分解的粉末时，应在容器上安装 CO 监测器以检测分解情况。

- 对可能在壁上形成沉积物的干燥器制订定期清洁计划。
- 进行温度监控和高温自动停机。
- 对于并流喷雾干燥器，应保持空气出口温度比干燥器上预期厚度的粉尘层的点火温度低 20℃（Abbott 1990）。
- 安装联锁装置，在高温下关停搅拌器电机（搅拌型干燥器）。
- 储存前先冷却固体。
- 在暴露于大气中之前，先冷却、惰化干燥系统，以防止热沉积物暴露于空气中时被点燃。

3.2.4　筒仓/料斗

① **关注问题**。装填筒仓和料斗时会产生带电粉尘云。填充速度越快，电荷量越高。如果粉末不导电，即使料斗导电且已正确接地，装填过程中产生的电荷也会在粉末上保留数小时或数天。这将导致所谓的大量刷形放电或锥形放电。筒仓之间很有可能通过管道和输送机发生爆炸传播。

② **潜在的点火源**
- 静电释放
- 从上游设备进入的高温物料/物质
- 异物颗粒（杂质金属）
- 被上游过程加热的物料分解

③ **潜在的解决方案和点火源控制策略**（CCPS 2005，Barton 2002，Jaeger 和 Siwek 1998）
- 建造时仅使用导电材料。
- 根据 NFPA 68 或 NFPA 69 的要求，采用泄放、抑制、惰化或封闭等防爆方式。
- 如果粉末 MIE 小于 30mJ，在操作员可能会接触到可燃性粉尘云的操作区域内对人员进行接地保护，例如 NFPA 77 规定的手动倾倒操作。
- 如果电阻率大于 $10^{10}\Omega\cdot m$ 且 MIE 小于等于 20mJ，应分析大量刷形放电的可能性。
- 在互连筒仓之间进行防爆隔离。
- 对装填、排空的筒仓/料斗进行连接和接地。
- 在筒仓/料斗内安装符合要求的防爆电气仪表。
- 筒仓壁涂层的击穿电压应小于 4kV，即通过材料产生火花所需的最小电压小于 4kV 或厚度小于 10mm。
- 用磁力分离器、筛网等去除进料中的异物。
- 如处理易分解的粉末，应在容器上安装 CO 监测装置以检测分解情况。

3.2.5　可移动式容器

① **关注问题**。可移动式容器面临的问题与此前料斗的问题类似。可移动式容器包括小袋子（通常不超过 25kg）、纤维桶、硬质中型散装容器（RIBC）和柔性中型散装容器（FIBC）。RIBC 可由导电或非导电材料制成。FIBC 是一种较大的编织袋。以下列出四种类型 FIBC（NFPA 2017）：
- A 类由非导电织物制成，不具有控制静电释放的功能。
- B 类由具有或不具有涂层的非导电织物制成，击穿电压小于 6000V。
- C 类由导电材料制成或采用了接地片相连的互连导电线。C 类袋子必须接地。
- D 类由具有特殊静电特性的织物制成，无需接地即可控制静电释放。

包装袋、包装桶或 FIBC 的塑料衬里可防止静电荷传导到地面。去除包装袋托盘上的收缩膜可能会产生静电荷。可移动式硬质中型散装容器（RIBC）上的轮子可将容器与地面隔离。包装袋或 FIBC 如发生泄漏，可产生局部粉尘云或粉尘层。装填后，不导电的 RIBC 或 FIBC 上的静电荷可能需要一段时间才能消散。快速清空 FIBC 可能产生静电荷。

② **潜在的解决方案和点火源**
- 测定可燃性粉尘的 MIE 和电阻率，确定可能适用的使用限制。
- 接地并连接所有导电组件（确保纤维桶的金属件接地）。
- 如果粉末 MIE 小于 30mJ，在操作员可能会接触到可燃性粉尘云的操作区域内对人员进行接地保护，例如 NFPA 77 规定的手动倾倒操作。
- 在有易燃蒸气的区域中处理可燃性粉尘时，应使用导电的建造材料。在此类区域中勿使用不导电的 RIBC。
- RIBC 的轮子采用导电材料制作。
- 确保正确的等电位连接和接地。
- 在装填容器之前应先对接收容器进行惰化处理。
- 制定清洁和溢出物清理规定。

③ **柔性中型散装容器（FIBC）使用指南**
- A 类袋子只能用于 MIE 大于 1000mJ 的粉尘。

- B 类袋子用于 MIE 大于 3mJ 的粉尘。

- 对于 MIE 小于 3mJ 的粉尘、导电粉尘以及存在易燃蒸气的区域，使用 C 类袋子（可接地）。

- 对于 MIE 小于 3mJ 的粉尘及存在易燃蒸气的区域，使用 D 类袋子（不需要接地）。

- 对于导电粉尘，不得使用 D 类袋子。

有关 FIBC 使用的进一步指导，参见 IEC 标准（IEC 2012）。

3.2.6　输送机

（1）机械输送机

① **关注问题**。机械输送机包括螺旋输送机、斗式提升机和皮带输送机。对于所有这些输送机，粉尘本身或一个零件与另一个零件摩擦引起的机械摩擦导致的过热都是令人担忧的问题。如果输送机是封闭的，皮带输送机可能会引起爆炸危险，比如 2008 年佐治亚州的帝国糖业爆炸事故（CSB 2009）。

② **潜在的点火源**

- 内部零件接触/摩擦导致物料发热，例如搅拌元件与外壁接触或皮带错位

- 流体阻塞导致物料升温

- 轴承/密封发热

- 滚轴卡住/卡死、皮带卡住产生热量

- 皮带打滑或磨损

- 皮带上静电荷积聚

- 杂质金属（摩擦火花）

③ **潜在的解决方案和点火源控制策略**（CCPS 2005，Barton 2002）

- 提供通道以便日常清除堆积的粉尘。

- 提供检测皮带打滑的开关（皮带输送机）。

- 使用导电或静电消散皮带（皮带输送机）。

- 确保螺钉与壁之间的间隙可容纳最大的颗粒（螺旋输送机）。

- 将轴承布置在可燃性粉尘环境之外。

- 遵循制造商的轴承润滑和维护建议。

- 针对暴露于可燃性粉尘环境中的轴承提供温度监测/高温警报。

- 在驱动电机上安装过载保护开关。
- 进料前清理异物。
- 安装压力传感器来检测进料阻塞。
- 根据 NFPA 77 的要求等电位连接和接地。
- 提供静电消散或导电柔性连接。
- 将柔性连接件连接到设备两端。
- 根据 NFPA 68 或 NFPA 69 的要求,对封闭式输送机采用泄放、抑制、惰化或封闭等防爆方式。
- 提供皮带校准开关。

(2) 斗式提升机

斗式提升机通常被认为是一种危险设备。因为粉尘云很可能连续存在,并可能存在上述潜在的点火源。

潜在的解决方案和点火源控制策略 (FMG 2013):

- 将斗式提升机布置在室外。
- 将室内斗式提升机布置在与外墙相邻的位置,用短管道泄爆到室外。
- 为室内斗式提升机提供抑爆装置,或通过所列颗粒物阻隔和阻火装置进行排爆 (NFPA 2013b)。
- 在皮带加速超过 20% 时,皮带驱动的提升机应设置机械或电动机械设备以切断驱动电机的电源,并产生声音报警 (NFPA 2017)。
- 不得将轴承布置或暴露在提升机外壳内。
- 设置皮带对准联锁装置,如皮带错位联锁停机。
- 在所有提升机支腿上使用减摩轴承。
- 依照制造商的建议维护轴承并保证轴承上没有粉尘、产品或过度润滑。
- 在冲击点、磨损表面和相连的料斗上限制使用易燃衬里 (例如塑料、橡胶、木材)。
- 以 1.5 的工作系数设计动力传动系统,使传动装置停止运转时不打滑。
- 在提升机支脚上安装表面电阻率小于 $100 M\Omega/m^2$ 的皮带,并具有耐火耐油性能 (面粉磨粉机不需要耐油性能)。
- 如提升机支腿在建筑物内,应进行轴承温度监测或振动检测。
- 设置确保产物不会倒回至提升机出料口的系统。
- 根据 NFPA 68 或 NFPA 69 的要求,采用泄爆、抑爆、惰化等方式来防爆。

（3）气动输送机

① **关注问题**。颗粒之间的接触以及颗粒与输送机壁之间的接触都会产生静电。爆炸一般发生在下游接收设备中而不是输送机中。浓相输送的爆炸可能性要低于稀相输送，因为混合物浓度高时通常无法点燃。

② **潜在的解决方案和点火源控制策略**（CCPS 2005，Barton 2002）

- 系统设计遵循 NFPA 91（NFPA 2010）的要求。
- 从干净的非点火源处吸入输送的空气。
- 尽可能真空输送，以最大限度地减少粉尘泄漏。
- 系统采用防尘设计。
- 使用导电建造材料。
- 如果无法使用金属材料，使用导电或静电消散材料。
- 利用螺栓紧固法兰实现电气连续性。
- 根据 NFPA 77 的要求等电位连接和接地。
- 安装检测器来监测进料点的热物料或火花。

3.2.7 搅拌器/混合器

① **关注问题**。除非转速很高，否则搅拌器和混合器一般不太可能发生事故。在搅拌时固体可能会发热。

② **点火源**

- 静电释放（尤其是翻滚混合器）
- 异物颗粒（夹杂金属）引起的摩擦火花
- 固体摩擦生热
- 内部零件的接触/摩擦，例如搅拌元件接触内壁
- 轴承/密封发热

③ **潜在的解决方案和点火源控制策略**（CCPS 2005，Jaeger 和 Siwek 1998，ISSA 2013）

- 测量 MIE 和分解起始温度。
- 监测温度并设置联锁自动停机。
- 根据 NFPA 77 的要求等电位连接和接地。
- 清除进料中的异物。
- 将轴承布置在装置外部。

- 对密封件和轴承进行预防性维护。
- 装填和清空过程中，叶尖速度小于 1m/s。
- 采用低功率（小于 4kW 或 5.3hp）。
- 根据 NFPA 68 或 NFPA 69 的要求，采用泄放、抑制、惰化或封闭等防爆方式。

3.2.8　向有易燃蒸气环境的容器进料

① **关注问题**。将任何固体（无论是否易燃）充入装有易燃气体的容器中都会导致空气夹带进入容器顶部空间，并将易燃蒸气排放至操作区域。易燃蒸气的 MIE 通常小于 1mJ。任何固体颗粒进料时都会产生静电荷。静电荷可轻易点燃蒸气，从而在附近区域造成闪火或导致容器内爆炸。进料时在场的人员可能会暴露于闪火中。Glor（2010）介绍了几种安全将固体装入易燃液体中的替代方法。

② **潜在的解决方案和点火源控制策略**（FMG 2013，NFPA 2017，Glor 2010）

- 尽量避免手动将固体装入易燃液体中。
- 装入固体前，将液体温度降低到至少比闪点低 10℃。
- 进料前将容器惰化。完成部分进料后，可能需要重新对容器进行惰化，因为固体会将空气带入容器中。
- 固体进料时同时通入惰性气流。
- 监测容器中的氧气浓度并与固体输送联锁。
- 将手动进料所用的容器的导电或静电消散部件接地。
- 根据 NFPA 77 或 NFPA 654 给出的限制规定，以 25kg 或更少的增量对装有易燃蒸气的容器进行手动进料。
- 前后两次进料之间间隔 30s（ESCIS 1988）。

3.3　总结

防爆和爆炸保护方法包括：
- 点火源控制

- 氧化剂控制（惰化）
- 可燃浓度控制
- 泄爆
- 爆炸抑制
- 爆炸封闭
- 爆炸隔离

本章对这些方法进行了描述，并提供了更多详细信息的来源。

很多处理可燃性粉尘的设备已具有了爆炸五边形五个要素中的四个，仅需要点火源就可发生火灾或爆炸。本章已提出了针对几种类型设备的危险问题和设计解决方案，旨在帮助设计人员和危害分析团队。

3.4　参考文献

Abbott 1990，Prevention of fires and explosions in dryers，2nd edition，Institution of Chemical Engineers (IChemE)，Warwickshire，UK.

Barton 2002，*Dust explosion prevention and protection：A practical guide*，Institution of Chemical Engineers (IChemE)，Warwickshire，UK.

Britton 1999，*Avoiding static ignition hazards in chemical plants*，Center for Chemical Process Safety，New York，NY.

CCPS 2005，*Guidelines for safe handling of powders and bulk solids*，Center for Chemical Process Safety，New York，NY.

CSB 2009，U. S. Chemical Safety and Hazard Investigation Board，Investigation Report，Sugar dust explosion and fire，Imperial Sugar Company，Port Wentworth，Georgia February 7，2008，Report No. 2008-04-I-GA，September 2009.

ESCIS 1988，'*Rules for plant safety*'，Plant and Operations Progress (now Process Safety Progress)，Vol. 17，No. 1，p. 1-22，January 1988.

EN 2012，EN 14491-2012，*European Standard：Dust explosion venting protective systems*，European Committee for Standardization，Brussels，Belgium.

EN 2006，EN 14460-2006，European Standard：Explosion resistant equipment，European Committee for Standardization，Brussels，Belgium.

FMG 2012，*Dust collectors and collection systems*，FM DS 7-73，Johnston，RI.

FMG 2013，*Prevention and mitigation of combustible dust explosion and fire*，FM DS 7-76，Johnston，RI.

Frank，Rodgers，and Colonna，*NFPA guide to combustible dusts*，National Fire Protection Association，Quincy，MA.

Glor 2010，'A synopsis of explosion hazards during the transfer of powders into flammable solvents and explosion preventive measures'，*Pharmaceutical Engineering*，January/February 2010，Vol. 30 No. 1，p. 1-8.

IEC 2009，60079-10-2，*Explosible atmospheres-Part 10-2：Classification of areas-combustible dust atmospheres*，European Committee for Standardization，Brussels，Belgium.

IEC 2012，IEC 61340-4-4，*Electrostatics-Part 4-4：Standard test methods for specific applications-Electrostatic classification of flexible intermediate bulk containers（FIBC）*，European Committee for Standardization，Brussels，Belgium.

ISSA 2013，*Collection of examples：Dust explosion protection for Machines and Equipment-Part 1：Mills，crushers，mixers，separators，screeners*，International Section on Machine and System Safety，Manheim，Germany. （https：//www. issa. int/en _ GB/web/prevention-machines/resources）

NFPA 2013a，NFPA 61，Standard for the prevention of fires and dust explosions in the agricultural and food processing industry，National Fire Protection Association，Quincy，MA.

NFPA 2013b，NFPA 68，Standard on explosion prevention by deflagration venting，National Fire Protection Association，Quincy，MA.

NFPA 2013c，NFPA 499，Recommended practice for the classification of combustible dusts and of hazardous（classified）locations for electrical installations in chemical process areas，National Fire Protection Association，Quincy，MA.

NFPA 2014a，NFPA 69，Standard on explosion prevention systems，National Fire Protection Association，Quincy，MA.

NFPA 2014b，NFPA 77，Recommended Practice on Static Electricity，National Fire Protection Association, Quincy, MA.

NFPA 2014c, NFPA 51B, Standard for Fire Prevention During Welding, Cutting and Other Hot Work, National Fire Protection Association, Quincy, MA.

NFPA 2015, NFPA 484, Standard for combustible metals, National Fire Protection Association, Quincy, MA.

NFPA 2016, NFPA 652, Standard on the fundamentals of combustible dust, National Fire Protection Association, Quincy, MA.

NFPA 2017, NFPA 654, Standard for the Prevention of Fires and Dust Explosions from the Manufacturing, Processing, and Handling of Combustible Particulate Solids, National Fire Protection Association, Quincy, MA.

VDI 1992, VDI 2263, Dust fires and dust explosions; hazards, assessment, protective measures, Verein Deutscher Ingenieure (Association of German Engineers), 1992

Jaeger and Siwek, 'Determination, prevention and mitigation of hazards due to the handling of powders during transportation, charging, discharging and storage, *Process Safety Progress*, Vol. 17, No. 1, p. 74-81, Spring 1998.

NFPA 91, Standard for Exhaust Systems for Air Conveying of Vapors, Gases, Mists and Noncombustible Particulate Solids, 2010.

Pratt 1997, *Electrostatic ignitions of fires and explosions*, Center for Chemical Process Safety, New York, NY, 1997.

第4章

设备外部的粉尘危害

4.1　案例学习——帝国糖业（Imperial Sugar）

2008 年 2 月，佐治亚州温特沃思港帝国糖业的制糖工厂发生爆炸，这次事故给了我们一个教训，让我们认识到了解可燃性粉尘从工艺设备泄漏并进入建筑物时所产生风险的重要性。美国化学品安全与危害调查委员会（CSB 2009）提供了介绍该事件的完整报告和视频。

4.1.1　设施

该制糖厂由三个大型筒仓（374m^3，13200ft^{3}❶）、几种不同类型的输送机（如皮带输送机、螺旋输送机和斗式提升机）、磨粉机和包装设备等组成。制糖厂位于一栋四层楼的建筑内，筒仓从地面一直延伸到顶层以上。CSB 的报告指出，糖处理设备密封不严，导致大量糖粉洒落在地面上。在一项内部检查中指出，"必须定期从地面清除数吨洒出的糖粉，然后送回制糖厂进行再加工"，这句话说明了常规生产操作中经常有一定数量的糖粉洒出。工厂内部情况见图 4.1。

图 4.1　电动机散热片和风扇罩上覆盖有糖粉，地面上也堆满了大量糖粉（CSB 提供）

4.1.2　事件经过

爆炸很可能是从筒仓下面的一个皮带输送机开始的。皮带输送机近期进行

---

❶　1ft＝0.3048m，译者注。

了改造，增加了一块金属板外壳，以提高产品质量。外壳导致大量糖粉在内部堆积。点火源可能是轴承或皮带支架过热（详见第 3.2.6 节）。最初爆炸产生的压力波传遍了整个建筑，地板受力变形，堆积在建筑物内的糖粉被扬起。吹散的糖粉被点燃并形成火球，导致整个建筑内发生多次二次爆炸，CSB 报告指出，所有四层楼均发生了二次爆炸，共造成 14 人死亡。图 4.2 和图 4.3 展示了本次爆炸的后果。

图 4.2　帝国糖业制糖厂（CSB 提供）

图 4.3　爆炸后的帝国糖业制糖厂

4.1.3　教训

在帝国糖业爆炸事故中有很多发现和教训。无论是管理层还是员工都未意

识到糖粉粉尘的危险。此前的未遂事故——特别是轴承过热引起的火灾，都被
忽略了。皮带输送机在未进行变更管理（MOC）审查的情况下被封闭。缺乏
危险意识、无视未遂事件以及缺乏变更管理审查，导致了皮带输送机外壳内产
生未识别的爆炸风险。

就建筑物内的危险而言，关键教训在于缺乏有效的扬尘控制措施和设施内
清洁管理不善。设备的设计和维护也可能是造成粉尘无组织排放的原因。如果
设备设计和维护不当，无法控制粉尘排放，则会增大扬尘和清洁管理的问题。

扬尘收集系统能力不足且维护不善。未能有效地执行清洁计划。清洁时经
常忽视较高处的表面。堆积的糖粉尘导致二次爆炸，摧毁了整个建筑，并导致
人员伤亡。

4.2 房间或建筑物内的问题

处理可燃性粉尘的工艺设施可能造成的最严重错误之一就是未能及时、定
期地解决扬尘和粉尘积聚问题。粉尘二次爆炸通常会造成严重的损坏和伤害。
第 2.2 节表 2.2 中列出了粉尘二次爆炸的一些示例。如帝国糖业案例研究所
示，爆炸会扬起堆积的粉尘，由此产生的粉尘云会进一步助长正在发生的火灾
和二次粉尘爆炸。

粉尘积聚可以通过几乎看不见的扬尘泄漏缓慢实现。有些表面可能难以看
到和/或触及，因此在许多情况下难以识别这种危险。除加工设备下方和周围
的地面外，粉尘还会在任何水平的表面上堆积，包括横梁、支架、壁架、导
管、管架、电缆桥架、管道以及吊顶上方等。这些表面很容易堆积足够的粉尘
从而产生爆炸危险。2003 年，北卡罗来纳州西氏医药服务（West Pharmaceu-
tical Services）的工厂内吊顶上方堆积的粉尘引起了粉尘二次爆炸，导致 6 人
死亡并摧毁了工厂（CSB 2004）。

NFPA 652《可燃性粉尘基本标准》（Standard on the Fundamentals of
Combustible Dust）（NFPA 2016）要求在进行粉尘危害分析（DHA）时确定
允许的粉尘积聚阈值。NFPA 654《可燃性固体颗粒的生产、加工和处理过程
中防火和防粉尘爆炸标准》（Standard for the Prevention of Fires and Dust Ex-
plosions from the Manufacturing，Processing，and Handling of Combustible
Particulate Solids）（NFPA 2017）提供了评估粉尘闪火和爆炸危险区域的粉尘

层厚度标准。NFPA 654 还允许根据质量标准或风险评估来确定何处存在粉尘爆炸危险。简单起见，本书重点介绍粉尘层厚度标准。Rodgers（2012）和 NFPA 654 附录 D 对粉尘层厚度标准做了详细介绍。

NFPA 499《化学工艺区可燃性粉尘的分类及电气安装危险性分类推荐做法》（Recommended Practice for the Classification of Combustible Dusts and Hazardous（Classified）Locations for Electrical Installation in Chemical Process Areas）（NFPA 2013）允许根据粉尘层厚度进行电气分类。表 4.1 给出了 NFPA 499 中的指南。

表 4.1 基于粉尘层厚度的分区指南

粉尘层厚度	分类
>3.0mm(1/8in)	1 区
<3.0mm(1/8in)，但表面颜色不可辨别	2 区
粉尘层下方表面颜色可辨别	未分类

NFPA 484《易燃金属标准》（Standard for Combustible Metals）（NFPA 2015），不允许粉尘积聚从而影响识别下方物体表面颜色的情形。根据 IEC 60079-10-2《危险场所分类-可燃性粉尘环境》（Classification of Areas-Combustible Dust Atmospheres），IEC 要求进行额外评估。

NFPA 654 中的粉尘层厚度标准为：大于 0.8mm（1/32in），覆盖房间或建筑物面积的 5% 以上，或者任一区域堆积超过 92.9m^2（1000ft^2），任何超过这一粉尘层厚度标准的可燃性粉尘积聚都是危险的。即，如果任一区域中堆积的粉尘总量超过占地面积的 5% 或 92.9m^2（1000ft^2）（以较小者为准）且达到粉尘层厚度，则存在粉尘爆炸危险。对于体积密度小于 1200kg/m^3（75lb/ft^3）的材料，1/32in 这个标准数值可通过下列公式增加（NFPA 2017，654-14 页）：

$$LD = \frac{\left(\frac{1}{32}in\right)\left(75\,\frac{lb}{ft^3}\right)}{BD}$$ (4.1)

式中　LD——粉尘层厚度，in；
　　　BD——体积密度，lb/ft^3。

1/32in（约等于一枚回形针的厚度）这一标准来自以下事实：如果这些粉尘均匀地悬浮在天花板高度为 3m（10ft）的房间中，将会产生 350g/m^3（0.35oz/ft^3）的粉尘云浓度，这一浓度很可能高于粉尘云的爆炸下限浓度 MEC（Frank 2004）。

4.3 预防和保护方法

4.3.1 设备外粉尘积聚控制

① **粉尘层的预防**。建议采取三管齐下的方法预防房间和建筑物内的粉尘火灾与爆炸：控制、收集和清洁。完成前两个步骤（控制和收集）的方法如下：

• 设计和设备维护，以减少粉尘排放。例如，在轻度真空下运行并定期更换垫片。

• 确定潜在的释放点，并使用真空收集器收集，如象鼻管或集尘罩。典型的可能成为释放点的操作包括：研磨、抛光、容器的倾倒和装填、筛分、开放式料仓的装填以及输送系统中的开放式传输点。

• 工艺室/建筑物的设计应限制粉尘迁移的范围。如有可能，将可燃性粉尘区域与危险程度较低以及危险程度不同的区域隔离开。参见 NFPA 654 第6.2 节中有关分隔、隔离和分离的介绍。

• 工艺室/建筑物的设计应减少水平表面的数量。FM Global《可燃性粉尘爆炸和火灾的预防与减轻》（Prevention and Mitigation of Combustible Dust Explosion and Fire）（FMG 2013）的数据表 7-76 建议在水平壁架上安装 60°倾斜的覆盖物。

② **清洁计划**。粉尘控制的最后一道防线是清洁。当一个工厂确定了一个可接受的粉尘积聚标准时，应制订一个清洁计划以确保工厂中的粉尘积聚水平不超过该标准。并对人员进行培训，让他们了解何时需要清洁，即使在预定清洁时间之前也是如此。NFPA 654 提供了有关何时进行不定期清洁的指南，如表 4.2 所示。附录 D（NFPA 2013）举例说明了清洁数据收集表。

表 4.2　不定期清洁管理

每平方米表面粉尘积聚的最差情况	完成易接触表面的不定期清洁所需的最长时间	完成不易触及表面的不定期清洁所需的最长时间
大于粉尘质量/积聚阈值的 1～2 倍	8h	24h
大于粉尘质量/积聚阈值的 2～4 倍	4h	12h
大于粉尘质量/积聚阈值的 4 倍	1h	3h

对于金属粉尘，根据 NFPA 484《易燃金属标准》（Standard for Combustible Metals)（NFPA 2015）的要求，最佳的清洁方法是依次使用无火花的勺子和软扫帚、带有天然纤维刷毛的刷子或专用真空清洁系统（专为金属粉尘设计，如 NFPA 484 所述）。真空系统仅限于堆积较少、太分散或无法用手清扫的情况。便携式真空吸尘器必须具有金属粉尘使用等级（E 组）。

在二类场所，NFPA 654 要求使用具有固定管道抽吸功能以及位于远处的集尘器和排气系统的真空系统，或使用特定电气分类的便携式真空系统。NFPA 654 也定义了使用便携式真空吸尘器时必须满足的其他最低要求，即使在分类区域外使用也是如此。

NFPA 654 对处理可燃性粉尘的便携式真空吸尘器的要求如下：

- 所有部件都应导电。
- 所有导电部件都必须连接和接地。
- 软管必须导电或静电耗散。
- 含粉尘空气不得通过风机。
- 吸潮湿物料时不允许使用纸质滤芯。
- 电机不能在粉尘/气流中工作，除非位于二类 1 区。
- 对于金属粉尘，真空吸尘器须满足 NFPA 484 的要求。

空气吹扫是最不建议的清洁方法，这种方法会产生可燃性粉尘云，因此需要控制点火源。NFPA 654 要求优先采用真空吸尘和水冲洗的方式，将空气吹扫压力限制为 30psig（207kPa，表压）（最佳做法是采用最低的有效压力），并将点火源和高温表面关闭或从该区域移除。FM Global Data《可燃性粉尘爆炸和火灾的预防与减轻》（Prevention and Mitigation of Combustible Dust Explosion and Fire）（FMG 2013）数据表 7-76 建议，将每一次吹气限制在一个小范围内，关闭不属于二类 2 区的电气设备，并禁止动火作业。

制定书面清洁管理程序以保持一致性。当清洁频率或方法发生变化时，工厂应进行变更管理（MOC）审查。清洁管理是一种行政管理措施，因此需要对加工区域进行定期检查以确保遵守清洁管理的要求。检查表可以作为使用程序的一部分，包括清洁频率、如何确定何时需要进行不定期清洁以及使用哪些工具等事项。

确保清单/程序规定了要清洁的区域以及相关的负责人。一般情况下，操作人员负责工作表面和地板的清洁，承包商则负责高处表面的清洁。程序应明确说明要清洁的区域，确保没有遗漏任何区域。监督员的现场检查也应包括清洁管理，以确认是否遵守了正确的清洁时间表、程序和工具。

4.3.2　点火源控制

关于通过控制点火源进行防爆的讨论，参见第 3.1.1 节。

4.3.3　限损结构

房间或建筑物可以通过泄爆方式来保护。泄爆可以减轻房间或建筑物的损坏，但是，如果发生火灾或爆炸，它不会保护房间或建筑物内的人员。第 3.1.4 节介绍了建筑物和房间的泄爆。

谨记，虽然泄爆可以防止建筑物倒塌，但火球和燃烧产物仍会影响到爆炸房间内的所有人员。因此，爆炸的预防就成了重中之重。FM Global《限损结构》(Damage-limiting Construction)（FMG 2012）数据表 1-44 提供了有关如何进行建筑物和房间防爆设计的指南。

4.4　总结

建筑物中堆积的可燃性粉尘引发了一些有史以来最严重的粉尘爆炸事故。以帝国糖业制糖厂的爆炸案例研究为例，说明了粉尘积聚如何导致原本局部的爆炸破坏整个设施，并造成 14 人死亡。

清洁管理是减少工厂建筑物内可燃性粉尘火灾和爆炸危险的最重要措施。为了避免粉尘积聚，应：

- 正确设计和维护粉尘处理设备，以控制粉尘。
- 在释放扬尘的设备上设置扬尘收集点。
- 制订并实施清洁管理计划，将粉尘积聚控制在既定标准以下。

管理人员应经常对设施进行外观评估，以确保程序和设备能够达到预期的效果。

限损结构（泄爆）可减轻建筑物中爆炸的影响，但无法保护建筑物中的人员。

4.5　参考文献

CSB 2004，U. S. Chemical Safety and Hazard Investigation Board，*Investigation Report*，*Dust Explosion*，*West Pharmaceutical Services*，*Kinston*，*North Carolina*，January 29，2003，Report No. 2003-07-1-NC，September 2004.

CSB 2009，U. S. Chemical Safety and Hazard Investigation Board，*Investigation Report*，*Sugar dust explosion and fire*，*Imperial Sugar Company*，*Port Wentworth*，*Georgia*，February 7，2008，Report No. 2008-05-1-GA，September 2009.

FM 2012，FM Global Data Sheet 1-44，*Damage-limiting construction*，Johnston，RI，April 2012.

FM 2013，FM Global Data Sheet 7-76，*Prevention and mitigation of combustible dust explosion and fire*，Johnston，RI，April 2013.

Frank，W. 2004，'Dust explosion prevention and the critical importance of housekeeping'，*Process Safety Progress* ，Vol. 23，No. 3，September 2004.

NFPA 2013，NFPA 499，*Recommended practice for the classification of combustible dusts and hazardous (classified) locations for electrical installation in chemical process areas*，National Fire Protection Association，Quincy，MA，2013.

NFPA 2015，NFPA 484，*Standard for combustible metals*，National Fire Protection Association，Quincy，MA，2015.

NFPA 2016，NFPA 652，*Standard on the fundamentals of combustible dust*，National Fire Protection Association，Quincy，MA，2016.

NFPA 2017，NFPA 654，*Standard for the prevention of fires and dust explosions from the manufacturing，processing，and handling of combustible particulate solids*，National Fire Protection Association，Quincy，MA.

Rodgers，S. 2012，'Application of the NFPA 654 dust layer thickness criteria-recognizing the hazards'，*Process Safety Progress*，Vol. 31，No. 1，p. 24-35，March 2012.

第 5 章
危害评估和控制的传统方法

5.1　引言

在过程工业中，系统性的危害评估通常称为过程危险分析（PHA）。对于某些组织，PHA 意味着要进行审查，以符合 OSHA 1910.119《高度危险化学品过程安全管理》（Process Safety Management of Highly Hazardous Chemicals）（也称为 OSHA PSM 标准）。在本书中，危害评估被称为粉尘危害分析（DHA）。附录 E 展示了 DHA 的流程图。NFPA 652（2016）要求在 DHA 中注意下列事项：

① 识别和评估存在火灾、闪火与爆炸危险的过程或设施区域。

② 如存在此类危险，对具体火灾和爆燃场景的识别与评估应包括以下内容：

a. 识别安全作业范围；

b. 确定火灾、爆燃和爆炸事件的管理保障措施；

c. 建议必要时采取额外保障措施，包括制定实施计划（NFPA 2016）。

所有的危害评估工作都有一些共性。

5.1.1　工艺安全信息（PSI）

需综合相关的 PSI。在包含粉尘的固体处理过程中，这些信息包括粒径和粒径分布数据以及任何可燃性和爆炸性参数。其他信息的数量和可用性取决于项目/过程所处的生命周期。至少还需要工艺流程图（PFD）和工艺说明来进行合理的 DHA 分析。应向 DHA 团队提供的其他信息包括：物料平衡表、P&ID、设备布局、操作程序、现有安全设备和联锁装置、现有区域分类图及以往事件的报告。

5.1.2　胜任的团队

NFPA 652 在正文中未要求以团队方式开展 DHA 工作。但在附件 A 中指出，"通常情况下，由一个团队执行 DHA 工作"（NFPA 2016，652-18 页）。进行危害分析审查时，最佳做法是与团队一起执行。该团队包括熟悉工艺的技术和操作人员以及熟悉评估技术的人员。这些技术包括检查表、危险与可操作性分析（HAZOP）或故障模式和影响分析（FMEA）等。

与 PSI 一样，团队的规模和成员可随流程的复杂性与流程所处的生命周期而变化。在某些情况下，一个团队可能只有两个人：一个人了解可燃性粉尘的危险，而另一个人了解工艺和设施。前提是这两个人中有一个掌握危害分析方法。

传统的 DHA 分析是将有关固体处理装置操作的专业知识/经验以及标准要求应用于整个过程。本章介绍了应用传统方法的步骤。

有关危险评估和安全管理系统的更多信息，参见以下书籍：

• 《危险评估程序指南》（Guidelines for Hazard Evaluation Procedures），第 3 版（CCPS 2008）

• 《基于风险的过程安全指南》（Guidelines for Risk-based Process Safety）（CCPS 2007）

• 《NFPA 可燃性粉尘指南》（NFPA Guide to Combustible Dusts）（NFPA 2012）

• NFPA 652《可燃性粉尘基本标准》（Standard on the Fundamentals of Combustible Dust）（NFPA 2016）

5.2　传统方法的基本步骤

在本书中，将传统的危害评估和过程细分为七个基本步骤。本章将详细讨论这些步骤。这七个步骤分别是：

① 确定是否涉及可燃性粉尘

② 确定适用的标准

③ 确定存在火灾/爆炸危险的位置

④ 对照标准要求审查装置/设备运行情况

⑤ 提出建议

⑥ 记录审查结果

⑦ 落实建议

5.2.1　第 1 步：确定是否涉及可燃性粉尘

对于原料、中间产物、废弃物和最终产品，必须回答材料是否属于可燃性粉尘或爆炸性粉尘这一问题。如果固体物料可以燃烧、氧化或分解，那么在表面积/质量比足够高时，这种物质很可能是可燃性粉尘。通常情况下，如果粒径小于 $500\mu m$，应考虑物料为爆炸性粉尘的可能性，当然某些纤维或薄片即使尺寸大于 $500\mu m$ 也会形成爆炸性粉尘云。在美国，NFPA 652（2016）允许用户假定粉尘是可燃的，从而代替筛查测试，但某些时候仍需要通过测试来确定所需的预防和保护措施的类型与能力。

即使原材料并非可燃性粉尘，也必须确定在处理和加工过程中，粒径是否会减小到足以使粉尘可燃的程度。有一些数据有助于确定物料是否为可燃性粉尘，包括各种安全数据表（SDS）和文献。部分文献资料来源包括：

• NFPA 652，Standard on the Fundamentals of Combustible Dust（NFPA 2016）

• Eckhoff's Dust Explosions in the Process Industries（Eckhoff 2003）

• NFPA Guide to Combustible Dusts（Frank，Rodgers and Colonna 2013）

• NFPA 61，Standard for the Prevention of Fires and Dust Explosions in the Agricultural and Food Processing Industry（NFPA 2013a）

• NFPA 68，Standard on Explosion Protection by Deflagration Venting（NFPA 2013b）

• NFPA 69，Standard on Explosion Prevention Systems（contains LOC data）（NFPA 2014）

• Institute for Occupational Safety and Health of the German Social Accident Insurance；GESTIS-Dust-Ex database http：//staubex. ifa. dguv. de/explosuche. aspx？ lang＝e

安全数据表一般会说明"可能在空气中形成可燃性粉尘的浓度"。安全数据表一般不包含第 2.3 节提到的爆炸性参数，但少数情况下可能也包含这些参数。如果包含这些参数，用户应注意，参数值可能随着处理过程中固体的分解而变化。上述书籍及其他相关书籍中给出了数百种材料的粉尘爆炸参数表。上述数据库包含了超过 4600 种材料的粉尘爆炸数据。

用户参考文献数据时需要谨慎。这些数据可能无法反映现行的标准化测试标准或提供有关粒径和含水量的数据，因此对特定的粉尘或工艺条件可能是无效的。用户必须采用最能反映实际处理材料性能的数据。在很多情况下，用户必须通过测试来确定粉尘是否可燃。

图 5.1a～图 5.1c 给出了上述 GESTIS-Dust-Ex 数据库中搜索到的多聚甲

醛的结果。首先显示了九个关于多聚甲醛的搜索结果，同时还提供了一些样本的中值粒径、爆炸性和 MIE（图 5.1a）。选择其中的一项结果，即中值粒径小于 23μm，会提供更多详细信息。在这种情况下，还包括粒径分布数据和更多的参数（图 5.1b）。另一个结果显示的是粒径更大的 560μm 样本（图 5.1c）。用户需要决定使用哪一个数据。某些文献资料所提供的信息甚至比图 5.1.b 给出的信息还要少，用户在使用此类数据时必须格外小心。文献数据可以为初步 DHA 分析提供足够的数据，DHA 会建议需要进一步收集哪些数据。

IFA
Institut für Arbeitsschutz der
Deutschen Gesetzlichen Unfallversicherung

GESTIS-DUST-EX　　DGUV | Contact | Deutsch | Français

Search

Home > Results

Results

search for : **paraformaldehyde** / number of results : 9

material	median value [µm]	explosibility	minimum ignition energie [mJ]
Hardener (filler mixture containing paraformaldehyde)	14	St 1	10/100
Paraformaldehyde	27		
Paraformaldehyde	<23	(St 2)	
Paraformaldehyde	27	St 2	
Paraformaldehyde	550		$>10^3$
Paraformaldehyde	560		$>10^3$
Paraformaldehyde	620		$>10^3$
Paraformaldehyde	750		$>10^3$
Paraformaldehyde	450		$10^3/3*10^3$

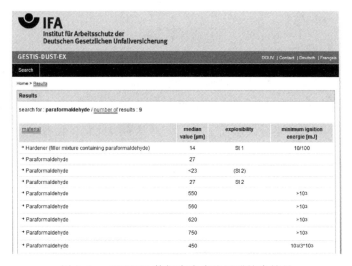

图 5.1a　GESTIS 数据库中多聚甲醛搜索结果

Detailed information on:
Paraformaldehyde (628)

characteristic			
Particle size <250 µm [% by weight]		100	
Particle size <71 µm [% by weight]	89		
Particle size <63 µm [% by weight]			100
Particle size <32 µm [% by weight]	65		
Particle size <20 µm [% by weight]	41		
Median Value [µm]	23	<23	<23
Lower Ex-Limit [g/m³]	60		
Max.Ex-Overpressure [bar]	9,9		
K_{St} Value [bar m/s]	178		
Explosibility	St 1		(St 2)
Ignition Temperature G-G [°C]	460		
Glowing Temperature [°C]	n.g.u.480		
Combustibility BZ		5	

The fineness and moisture content indicated in the first column refer to the state of the dust sample as delivered. The "delivered" state may also be identical to the tested state.

The listed combustion and explosion characteristics always apply only to the dust with the conditions described in the same column.

The data of GESTIS-DUST-EX are compiled and updated carefully. Nevertheless, any liability is excluded (cf. limits of applicability).

图 5.1b　GESTIS 数据库中多聚甲醛搜索结果（小于 23μm）

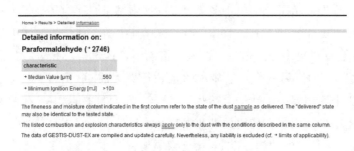

图 5.1c　GESTIS 数据库中多聚甲醛搜索结果（560μm）

如果在审查安全数据表、文献或筛查测试结果后确认所处理的物料为可燃性粉尘，则必须通过进一步的测试来确定危险参数。如果怀疑所处理的物料为可燃性粉尘但安全数据表或文献中没有相关信息，用户还可进行第 2.3 节中所述的爆炸性筛查测试。很少需要确定第 2.3 节中的每一个参数。DHA 本身有助于确定需要测量的参数，从而节省了不必要的测试时间和费用。

5.2.2　第 2 步：确定适用的标准

有很多适用于可燃性粉尘的标准。本节列出了这些标准。对于新设施，用户应确保采用最新版本的标准。对于已建设施，用户可采用设施建成时的标准，但用户应检查最新版本的标准，以确定是否有追溯性要求。

① 可燃性粉尘标准：

• NFPA 61：Standard for the Prevention of Fires and Dust Explosions in the Agricultural and Food Processing Industry，2013

• NFPA 484：Standard for Combustible Metals，2015

• NFPA 664：Standard for the Prevention of Fires and Dust Explosions in Wood Processing and Woodworking Facilities，2012

• NFPA 652：Standard on the Fundamentals of Combustible Dust，2016

• NFPA 654：Standard for the Prevention of Fires and Dust Explosions from the Manufacturing，Processing，and Handling of Combustible Particulate Solids，2013

• NFPA 655：Standard for Prevention of Sulfur Fires and Explosions，2012

NFPA 652 规定了对所有"制造、加工、混合、重新包装、产生或处理可燃性粉尘或可燃性颗粒固体"的设施的要求。NFPA 652 引导用户参考相应的行业特定标准。

NFPA 61、NFPA 484、NFPA 664 和 NFPA 655 针对特定行业（农业、金属、木材加工和硫黄等）提出了要求。NFPA 654 是适用于可燃性粉尘的通用标准，适用于特定行业标准未涵盖的可燃性粉尘。

② **防爆标准：**

• NFPA 68：Standard on Explosion Protection by Deflagration Venting，2013

• NFPA 69：Standard on Explosion Protection Systems，2014

NFPA 68 和 NFPA 69 描述了一旦确定有必要采取防爆或缓解策略时，应当如何实施该策略。NFPA 68 涉及泄爆。NFPA 69 详细介绍了爆燃抑制、封闭、氧化剂浓度控制（惰化）、燃料浓度控制和隔离的方法。

③ **点火源控制标准：**

• NFPA 51B：Standard for Fire Prevention During Welding，Cutting，and Other Hot Work，2014

• NFPA 70：National Electrical Code®，2014

• NFPA 77：Recommended Practice on Static Electricity，2014

• NFPA 496：Standard for Purged and Pressurized Enclosures for Electrical Equipment，2013

• NFPA 499：Recommended Practice for the Classification of Combustible Dusts and of Hazardous（Classified）Locations in the Electrical Installations in Chemical Process Areas，2013

NFPA 51B、NFPA 70、NFPA 77、NFPA 496 和 NFPA 499 均涉及点火源的控制。包括动火作业、电气系统设计、静电和电气分类。NFPA 77 和 NFPA 499 为推荐实践。尽管推荐实践并没有制定强制性要求，但其中的指南应包括在危险评估和控制过程中。NFPA 499 提供了有关电气设备安装中粉尘处理场所分类的指南。

④ **输送标准：**

• NFPA 91：Standard for Exhaust Systems for Air Conveying of Vapors，Gases，Mists and Particulate Solids，2015

NFPA 91 规定了颗粒固体输送系统的设计要求。输送系统设计是可燃性粉尘设施的重要组成部分。一些可燃性粉尘标准参考了 NFPA 91。可燃性粉尘标准（如 NFPA 654）包含了对输送系统的其他要求。

⑤ **欧洲标准：**

• IEC 60079 Series Explosive Atmosphere Standards

• ATEX Directives：

○ATEX 95 equipment directive 94/9/EC，Equipment and protective systems intended for use in potentially explosive atmospheres，1994

○ATEX 137，workplace directive 99/92/EC，Minimum requirements for improving the safety and health protection of workers potentially at risk from explosive atmospheres，1999

IEC 60079 是一系列爆炸性气体环境标准，涵盖了对潜在爆炸性环境的各种考虑。该系列标准主要规定了一般设备要求、气体探测器、本质安全设备、各种设备的保护方法、区域分类、材料特性以及一些行业特定标准。

ATEX 为一套针对欧洲国家的指令，规定了工作场所爆炸和火灾危险保护的一般要求。欧洲很多国家也制定了自身的标准。用户需要了解并遵守本国适用的规范和标准。

组织可以通过确定哪些标准适用于其运营，并根据这些标准制定内部指南，从而帮助 DHA 团队执行第 2 步。组织还可利用此信息创建检查表为 DHA 提供便利。如果决定这样做，则应建立一个体系，在外部标准更新时维护内部指南。

5.2.3　第 3 步：确定存在火灾/爆炸危险的位置

粉尘层起火、闪火和爆炸所必需的条件已在第 2.2 节中说明。

为了确定何处存在火灾和爆炸危险，应绘制并审查显示所有主要设备和输送系统的工艺流程图（PFD）。图 5.2 为 PFD 示例。

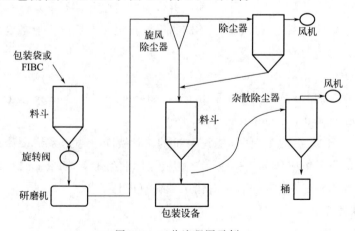

图 5.2　工艺流程图示例

表 3.1（第 3.2 节）列出了经常涉及粉尘事故的过程设备，有助于确定特定设备是否可能发生火灾或爆炸。注意：不得将表 3.1 视为完整地罗列了所有可能发生粉尘火灾和爆炸的设备。

应评估 PFD 上每一台设备和输送系统是否存在粉尘火灾及爆炸的可能性。如存在火灾/爆炸危险，必须进行第 4 步。还需要考虑过程设备所在的每个外壳、房间或建筑物是否存在层火、闪火和/或爆炸危险。同样，在每一次进行 DHA 分析时也应巡查过程区域。团队由此可以查看区域和设备并评估每个节点的清洁管理。

对 K_{St}、P_{max}、MIE、MAIT、MEC 和 LIT 的了解也有助于执行这一过程。若没有这些信息，在确定是否存在危险时必须采用最坏情况的假设。

5.2.4　第 4 步：对照标准要求审查装置/设备运行情况

在第 4 步中，根据适用标准的具体要求对存在火灾和/或爆炸危险的设备/装置运行进行审查。组织可根据标准要求创建检查表来提前完成此步骤。

示例。为了说明第 1 步到第 3 步的整个过程，以下以图 5.2 中的前几个设备为例进行了审查，尤其是运输容器（假定为 FIBC）和料斗。将采用图 5.1a～图 5.1c 中给出的多聚甲醛数据。

备选方案 A。假设原料为中值粒径大于 $560\mu m$ 的多聚甲醛，其颗粒不易磨损，也没有大量的细粒。尽管颗粒可燃，但此类颗粒无法分散，因此在设备中不存在闪火或粉尘爆炸危险。

根据图 5.1a 和图 5.1c 中的 GESTIS 数据库信息。假定此类颗粒的 MIE 大于 1000mJ（未接地容器的静电放电无法点燃 MIE 大于 1000mJ 的粉尘）。NFPA 654 对甲醛进行了规定。假设该区域中不存在易燃蒸气，则 NFPA 654 允许使用 A 类柔性中型散装容器 FIBC 装运多聚甲醛，因为其 MIE 大于 1000mJ。

备选方案 B。假设原料为中值粒径 $23\mu m$ 的多聚甲醛。此时，GESTIS 给出的 K_{St} 值为 178bar·m/s，因此粉尘显然是可爆炸的。装填料斗会产生封闭的粉尘云，可能会在料斗中发生粉尘爆炸。注意，由于 MIE 是未知的，用户必须假定该值低到容易被弱静电放电（例如未接地操作员的静电放电）点燃的水平。另外，料斗装料时逸出的粉尘可能会在附近区域造成闪火危险，而沉降的粉尘则会引起粉尘层火灾危险并可能在操作区域造成二次爆炸。针对这些危险，做出如下考虑：

① 鉴于粉末是可燃性粉尘，NFPA 654 要求至少使用 B 类 FIBC。需要进行其他测试以确定材料的 MIE，从而确定是否允许使用 B 类 FIBC，还是需要 C 类或 D 类 FIBC。此外，为了确定是否必须使用 C 类 FIBC，还应确定材料的电导率。

② 考虑到料斗存在爆炸危险，根据 NFPA 654 的要求，应采用氧化剂还原（惰化）、泄爆、抑制压力或抑爆等形式对料斗进行防爆保护。无论哪种形式的防爆/防护措施都必须符合 NFPA 68 或 NFPA 69 的要求。应该测量适当的物理性能，从而实施推荐的保护方法。

③ 如果防爆不可行（例如从 FIBC 卸料到室外环境），可通过控制卸料速率、最大限度地减少自由下落并在顶部空间提供足够的排气来控制可燃性粉尘，从而减少可燃性粉尘云的形成并最大限度地减少扬尘排放。

④ 还需要根据 NFPA 654 的要求与下游设备隔离；如阀门满足 NFPA 69-12.2.4 的要求，可以使用图 5.2 中所示旋转阀来实现隔离。

⑤ 鉴于操作区域存在闪火和二次爆炸危险，需要执行 NFPA 654 规定的清洁管理程序，并按照第 3.2.4 节中规定的点火源控制标准进行点火源控制。

5.2.5　第 5 步：提出建议

根据 DHA 分析提出建议。使用传统方法时，大量的建议都侧重于如何遵守粉尘标准的具体要求。在前面的示例中，DHA 团队应建议测定多聚甲醛的 MIE。了解 MIE 有助于确定应安装的防爆装置的类型。

泄爆、封闭或抑爆系统的设计则需要了解 K_{St} 和 P_{max}，参见第 2.3 节。在 GESTIS 数据库示例中给出了这些参数，但除非 DHA 团队非常确信文献中的值可用于所分析的粉尘，他们应该认真考虑获取实际使用物料的这些参数。如果团队考虑采用氧化剂还原防爆，则建议测定 LOC。

有效的建议不仅仅说明了所需的措施，也说明了原因。这将为行动者提供提出建议的原因，让他们知道为什么要这样做，即使行动者没有参与 DHA 分析。这也使他们能够选择其他能提供所需的保护的方法来关闭建议。

5.2.6　第 6 步：记录审查结果

DHA 提供的信息可为其他活动提供支持，包括编写操作程序和故障排除指南、制订培训计划以及制订检查和维护计划等。这些信息也是变更管理（MOC）审查的基础。如示例所述，在评估中确定安全基础。为此，需要对 DHA 做好记录。

NFPA 654 要求在整个分析过程中保留 DHA 报告。美国以外的其他国家可能有不同的要求。设备操作者应了解当地的要求。以下列出了报告建议包含的内容。

- 执行摘要，包括进行评估的原因
- 评估范围
- 工艺说明
- 物料特性（包括可燃性和爆炸性参数）
- 已用/可用的参考材料清单，如图纸、程序文件、适用的标准和事故报告
- 团队成员及其资质
- 会议日期
- 建议清单
- DHA 会议记录

如果组织根据适用的规范和标准建立了检查清单，如第 5.2.2 节中所述，那么在团队评估时应填写检查清单并记录建议，这也是一种有组织的评估记录方法。

5.2.7 第 7 步：落实建议

如果建议没有得到及时落实或根本没有落实，整个 DHA 分析过程就会变得毫无意义。一般而言，不执行建议的理由有四种：

① 建议所依据的分析存在重大事实错误。
② 建议对于保护公司自己的员工或承包商员工的健康和安全没有必要。
③ 有其他的替代措施足以提供保护。
④ 建议不可行。

理由 1。这个理由是显而易见的。应根据正确的信息重新进行 DHA 分析。

理由 2。传统危险评估方法中的很多建议都是基于对标准的遵守。不遵守这些建议可能意味着某流程不符合适用的法规和标准，此种情况下第二个理由可能会无效。如果建议没有涉及标准要求，组织需要记录为什么没有必要保护员工的健康和安全。

理由 3。负责实施建议的人员发现某些建议不切实际。例如，在第 4 步示例中 DHA 团队如果建议在料斗上设泄爆口，而料斗位于建筑物中，此时泄爆管可能会过长以致无法实现功能。设计人员可转而向团队提出其他建议，例如采用抑爆或阻火通风口。

> **注意**：设计人员在未与原 DHA 团队进行讨论并更新工艺安全信息之前，不应使用其他方法来关闭建议。

NFPA 标准有一项规定，即如果提供了同等级别的保护且工艺所在地的标准执行组织接受，那么就可以采取其他的替代保护方法。这样的个人或组织称为管辖方。管辖方可以是当地的消防或建筑法规官员、保险公司，或在生产机构中拥有此类权限或承担此类责任的个人。其他的标准可能未必有这样的规定，因此组织必须意识到这一点。

理由 4。规范和标准体现了标准编写委员会的经验。因此，当建议涉及标准中的某项要求时，在声明要求不可行时必须格外小心。

对于已建设施，人们可能希望采用标准中的追溯条款，从而证明在一项标准不可行的情况下让已建设备"不受新规定限制"是合理的。此种情况下，最好的做法就是制定符合 DHA 建议意图的替代方案（即参见理由 3）。如果某一系统"不受新规定限制"，工艺安全信息应说明设备的安装日期、当时有效的标准以及该设备是否符合该标准。注意，当现有情况可能带来无法接受的风险时，管辖方将保留追溯适用任何要求的权利。

5.3 总结

传统的可燃性粉尘工艺处理过程的危害评估方法依赖于 DHA 团队的知识及适用于所讨论工艺的标准。DHA 团队必须评估每台装置的操作以及工艺建筑的危险。组织可根据已知的适用于其流程的标准制定检查表，从而帮助 DHA 分析的进行。

危害评估的所有其他部分与其他 DHA 分析相同。需要收集工艺安全信息，组建合格的团队，对 DHA 分析进行记录并及时处理行动事项。

第 8 章给出了传统方法的示例。

5.4　参考文献

CCPS 2007，*Guidelines for risk-based process safety*，Center for Chemical Process Safety，New York，NY.

CCPS 2008，*Guidelines for Hazard Evaluation Procedures*，*3rd edition*，Center for Chemical Process Safety，New York，NewYork.

Eckhoff，R. K 2003，*Dust explosions in the process industries*，*3rd.ed.*，Elsevier，New York.

Frank，Rodgers and Colonna 2012，*NFPA Guide to combustible dusts*，Quincy，MA，2012.

NFPA 2013a，NFPA 61，*Standard for the Prevention of Fires and Dust Explosions in the Agricultural and Food Processing Industry*，National Fire Protection Association，Quincy MA，2013.

NFPA 2013b，NFPA 68，*Standard on Explosion Protection by Deflagration Venting*，Quincy MA，2013.

NFPA 2014，NFPA 69，*Standard on Explosion Protection Systems*，National Fire Protection Association，Quincy MA，2014.

NFPA 2016，NFPA 652，*Standard on the Fundamentals of Combustible Dust*，National Fire Protection Association，Quincy，MA，2016.

第 6 章

基于风险的粉尘危害分析方法

6.1　引言

很多企业已经采用了基于风险的危害分析方法。这种方法可以被当作传统的粉尘危害分析（DHA）的替代方法，或与之结合使用。

各组织还可以根据所在国家/地区的法规要求，采用基于性能的设计方案来确定需要的防护等级。例如，NFPA 654允许在有适当记录的情况下采用基于性能的设计方案。另外，基于风险的分析可以证明基于性能的方案达到了可接受的保护等级。

一些公司已经建立了风险可接受标准，需要的是分析粉尘处理设施是否满足这些标准。这种情况下，可以通过为初始事件及保护层失效概率建立标准值来简化风险分析。

CCPS对风险做了如下定义："风险是对人身伤害、环境破坏或经济损失的一种衡量标准，既包括事件发生的可能性，也包括损失或伤害的严重程度。"

粉尘火灾或爆炸的后果，轻则无人员受伤或轻伤，无财产损失或少量的财产损失；重则群死群伤，整个工厂都被摧毁。事故发生的可能性表明了所定义的后果发生的概率。

可能性的定义如下：可能性衡量的是事件发生的预期概率或频率。可表示为频率（例如：每年发生的事件数），或者在一定时间间隔内发生的概率（例如：每年发生的概率），或者条件概率（如前兆事件发生后的发生概率）。

风险评估的本质是评估事件后果的严重性（结果或影响）和发生可能性（频率或概率）。随着风险评估的发展，各种定性、定量的风险分析方法也随之发展。《化工过程定量风险评估指南》（Guidelines for Chemical Process Quantitative Risk Analysis）（CCPS 1999）和《危害评估程序指南》（Guidelines for Hazard Evaluation Procedures）（CCPS 2008）概述了这些技术，包括在设备生命周期中何时使用这些技术。本书并未涵盖风险标准和风险分析讨论的全部内容。CCPS有一些关于定量风险分析或风险评估的指南：

• Layer of Protection Analysis, Simplified Process Risk Assessment (CCPS 2001)

• Guidelines for Chemical Process Quantitative Risk Analysis, 2nd Edition (CCPS 1999)

• Guidelines for Developing Quantitative Safety Risk Criteria（CCPS 2009）

• Guidelines for Enabling Conditions and Conditional Modifiers in Layers of Protection Analysis（CCPS 2014）

• Guidelines in Initiating Events and Independent Protection Layers in Layer of Protection Analysis（CCPS 2015）

6.2　基于风险的危害分析方法

本节系统性地介绍了基于风险的 DHA 分析方法。该方法在使用过程中进行了规则的限定，但也考虑到了使用过程中的灵活性，由八个步骤组成，见图 6.1。

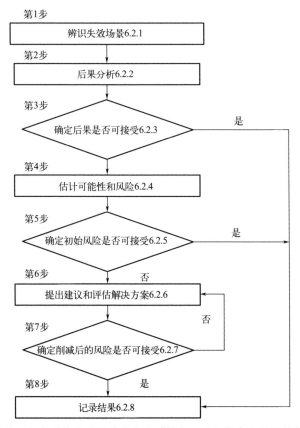

图 6.1　选择过程安全系统基准设计的方法［摘自《过程设备失效设计解决方案指南》
（Guidelines for Design Solutions for Process Equipment Failures）（CCPS 1998）］

6.2.1　第1步：辨识失效场景

失效场景是导致不期望后果的计划外事件或一系列事件，与第5.2.1节～第5.2.3节中描述的过程相同。第1步假设工艺设计已完成。无论是新工艺还是对现有工艺的变更，分析人员都应明确主要设备及输送系统。这是第5.1节所述的工艺安全信息的一部分。一旦设计确定，所有可能发生错误的情况都应该被看作是失效场景。

6.2.2　第2步：后果分析

这一步，需要评估第1步确定的失效场景的后果。DHA的后果包括层火、闪火、粉尘爆炸和二次粉尘爆炸导致的安全、健康、质量、经济和环境影响。在某些情况下，分析人员可能会通过直接观察、工程经验或定性分析等方法来确定潜在后果。还有一些情况，可以使用后果定量分析方法。一个好的做法是先不考虑已有的保护措施，对后果进行评估，然后再将保护措施罗列出来。

以下讨论了可燃性粉尘的场景中，后果评估应考虑的因素。

① 层火。层火可以持续很长的时间。其潜在后果是附近区域的人员伤亡和设备/装置损坏。影响区域取决于可燃性粉尘的厚度和面积，以及火势是否蔓延。消防系统可以减弱设备对设备和建筑物的影响。这种情况下人员可以逃生，消防员通过穿戴阻燃型人员防护设备（FRPPE）保护附近区域的人员进行逃生。

② 闪火。闪火的持续时间很短，可能只有几秒钟。影响区域因粉尘云的大小而异。其潜在后果是附近区域的人员伤亡、设备损坏。消防系统和逃生均不属于削减因子。FRPPE可缓解闪火对人员的影响，但还要取决于火焰的持续时间和尺寸。火焰尺寸可通过NFPA 68-8.9（NFPA 2013）中所述的方法进行估算。

③ 粉尘爆炸。若未对可能产生可燃性粉尘云的封闭设备进行保护，超压会导致设备破裂，人员受伤和死亡。设备破裂必然会造成设备和装置损坏。可通过判断或计算来确定影响，但影响的可能不仅是邻近的区域和设备，例如影响到相连设备。若设备安装了泄爆口，可能在设备外形成是设备体积的几倍的火球并从泄爆口延伸几十英尺。这种火球的持续时间很短，后果与闪火相同。

④ 粉尘二次爆炸。粉尘扩散到设备外，积聚并遇到点火源产生二次爆炸，这会影响到整个受限区域，甚至是区域外的人员。后果就是装置区内甚至装置区外的群死群伤。

通过清洁管理来预防粉尘二次爆炸是至关重要的；清洁管理可以消除或大大降低后果的严重性（参见第 5 章）。削减措施包括损坏限制结构、限制进入等，这样可以保护到受限区域外的人员，却无法保护到受限区域内的人员。所以，粉尘二次爆炸影响区域内建筑中人员的数量非常关键。另外，分析人员还应考虑可能发生粉尘爆炸的建筑物附近的其他流程和/或敏感人群的后果。

⑤ **其他危害**。完整的危害分析还包括环境影响及燃烧产物毒性的潜在影响，但这些问题不在本书的讨论范围之内。

6.2.3　第 3 步：确定后果是否可接受

这一步中，分析人员对每个失效场景都应询问："我们是否可以接受其后果？"如果后果完全是财产损失，那么组织可能选择接受。但回答这一问题的前提是，在进行危害分析之前，组织已经建立了一套关于安全、环境和财产的可接受标准。

如果评估的结果都是可接受的，那么就不需要增加额外的工艺安全系统，也不需要进一步的风险评估。可以直接跳到第 8 步，并记录结果。对于不可接受的后果，请继续第 4 步的风险评估。

6.2.4　第 4 步：估计可能性和风险

接下来，分析人员会估计第 1 步确定的失效场景发生的可能性。失效场景的失效概率等于初始事件频率乘以导致不可接受后果的一系列非计划事件发生的频率。非计划事件包括：可置信的点火源，高于爆炸下限的粉尘浓度，保护层失效等。值得注意的是，事件发生的可能性是用来衡量事件发生的预期概率或频率的。

定性描述是最简单的可能性评估，例如"设备生命周期内不会发生""设备生命周期内仅发生 1 次""设备生命周期内发生数次"和"每年发生 1 次以上"。

> 例如：可燃性粉尘积聚导致受限操作区域内发生爆炸。初始事件可能是连接软管失效导致产生爆炸性粉尘云。假定这种事件发生的频率为十年一次（1 次/10 年）。此外，还需要点火源和粉尘云同时存在，假设在没有点火源控制措施的情况下的点火概率为 50%（0.5）。这一案例中，爆炸的可能性为二者的乘积：0.05 次/年或 1 次/20 年。这一频率可用于基于风险的方法中。根据 DHA 团队对设备生命周期的评估，上述案例的可能性可被描述为："设备生命周期内不超过 1 次"或"设备生命周期内发生多次"。

固体处理过程在考虑初始事件时属于特殊情况。在很多情况下，设备内部可能已经存在爆炸性粉尘云，点火本身就是初始事件。在某些情况下，粉尘释放形成的粉尘云就是初始事件，而点火源的存在则是计划外的事件。

某些从业者认为，最佳做法是假设所有保护系统都未达到预期的功能，因此根据未削减的后果来评估风险。在估计可能性时，可根据现有预防和保护系统的感知可靠性来进行信用评估。

（1）可能性数据

① 历史信息和事故/未遂事故数据。对事故和未遂事故的记录往往是组织处理材料的潜在数据来源。不幸的是，这些信息往往更多的是道听途说，而不是真实数据。由于未上报事故、缺少未遂事故报告或历史记录，其有效性更加有限。没有发生事故可能会给人一种虚假的安全感（"以前从未发生过……"）。

一个潜在的信息来源是高级操作员、生产工程师、区域经理以及健康和安全人员的记忆。他们可能会记得那些现在被称为"未遂"的事件以及公司或行业中其他类似装置发生的事件。良好的 DHA 分析需要接受和尊重所有参与人员的有效输入，以及为操作人员提供一个安全的环境来分享他们的"战争故事"。这是解决上述虚假安全感的最佳方法之一。

在根据经验估计初始事件频率时，必须考虑保障措施对观测到的频率（或事件缺乏）的潜在影响。例如，如果因为工艺中的控温保障措施而未观察到点火，那么在危害分析中就要考虑基于经验的初始事件频率并结合温控措施作为保护层。

一个好的做法是在执行 DHA 分析之前收集和整理相关的历史事故数据，并将其分发给分析人员。

② 设备失效数据。采用半定量分析方法时，如果无法获得分析装置的具体数据，可尝试查找通用的失效数据。不幸的是，固体处理设备的此类数据很难找到。当前的大多数失效数据都集中在液体或气相处理设备上。表 C.3 列出了一些初始事件及其推荐的频率。

查看装置的维护记录也可以确定设备的失效频率。关于如何收集和使用过程设备可靠性数据来做出基于风险的决策，请参见《提高装置可靠性的数据收集与分析指南》(Guidelines for Improving Plant Reliability through Data Collection and Analysis)（CCPS 1998a）。

在没有发生过粉尘火灾/爆炸事故或设备失效的情况下，初始事件频率的合理预测为 $1/(3N)$，其中 N 是未发生事件的时间（Freeman 2011）。因此，如果一台喷雾干燥器已连续运行 10 年而没有发生任何事故，那么该台喷雾干燥器的初始事件频率可被定义为 30 年 1 次（1 次/30 年）。但如果引入了具有不同爆炸特性的新产品，这一估计就不再有效。

③ 点火概率。在半定量的 DHA 分析中，在可能需要对可燃性粉尘的点火概率或频率进行估计。表 6.1 列出了某些特定事故中发现的点火源（FM 2013）。下文将讨论一些常见的点火源。

表 6.1　不同原因（点火源）导致的事故数量

原因类型	事故数量/起	原因类型	事故数量/起
摩擦	50	静电	6
火花	38	过热	4
化学反应	16	热表面	2
动火作业	13	未知/无数据	21
明火	10	合计	166
电	6		

④ 机械（摩擦和冲击）。热轴承或卡住的皮带造成的摩擦及外界金属撞击在点火源中的比例很高。第 3 章列出了可能成为点火源的几种设备。

常见的保护方法包括：用磁力分离器或筛网去除进料中的异物；对上游设备进行良好的维护，通过自动停机监测电机的电流消耗或通过高温自动停机来监测温度。

⑤ 热分解或化学分解。电机或干燥器内部等热表面上的物料长时间加热可能会放热分解，导致层火甚至点燃干燥器内部的粉尘云。

堆积在热表面上的粉尘层可能会发生阴燃。谷物、煤炭和其他具有生化活性的天然材料堆积后也会发生自燃。阴燃的速率受材料中空气扩散的限制。当这些堆积物移位并暴露于氧化剂（空气）中时，就会点燃粉尘云。

堆积物阴燃或分解的概率取决于所处理的物料。分析人员需要根据历史信息或适当的测试来决定。

ASTM D3523《液体和固体自发加热值的标准试验方法（差分麦基试验）》[Standard Test Method for Spontaneous Heating Values of Liquids and Solids (Differential Mackey Test)]（ASTM 2012）、LIT（ASTM 2013）或反应性筛查测试[例如差式扫描量热法（DSC）、差式热分析（DTA）或加速量热法（ARC）]可以用来确定阴燃或分解的起始温度。

⑥ 静电放电。在处理、转移和加工过程中，固体流动通常会产生静电。

产生电荷的程度和电荷衰减所需的时间取决于物料的导电性、设备的接地和等电位连接的有效性。第 2.3 节中描述的体电阻率是衡量可燃性固体失去电荷的难易程度的量。积累了足够的电荷后，可能会发生各种类型的静电放电。材料带电性是另一个可以测试的参数，用于描述静电放电的危害。可燃性粉尘被静电放电点燃的敏感性是粉尘 MIE 的函数。接地和等电位连接是最主要的静电放电保护方法。

有关静电和静电放电类型的更多信息，可参见下列参考文献：

- NFPA 77 Recommend Practice on Static Electricity（NFPA 2014）
- Electrostatic Hazards in Powder Handling（Glor 1998）
- Electrostatic Ignitions of Fires and Explosions（Pratt 1997）
- Avoiding Static Ignition Hazards in Chemical Operations（Britton 1999）
- IEC/TS 60079-32-1 Electrostatic Hazards Guidance（IEC 2013）

⑦ 电火花。电气设备产生的火花可点燃粉尘云。细小的粉尘可以扩散至此类设备外壳。导电粉尘在电气组件上的堆积可导致电气组件短路。应使用专门设计并批准用于特定电气分区的电气设备进行保护。

总而言之，评估点火概率时要考虑材料特性，包括 MIE、MIT、LIT 和热分解起始温度等。还应评估装置是否遵守第 5.2.2 节中列出的点火源控制标准来考虑相关的设施因素，例如区域电气分类、允许的动火作业以及接地和等电位连接等。

（2）预防和保护

可燃性粉尘过程安全设计中的工程控制包括基本过程控制系统（BPCS）、报警和停机、氧化剂还原系统、浓度控制系统、泄爆口、抑爆系统及封闭设计。

行政保障措施如清洁管理等也是有效的预防和保护手段。强有力的行政保障措施需要有成文的培训和定期审核制度。其可靠性与培训的有效性及管理执行和文档记录的力度有关。这种可靠性可能难以衡量，并且由于多种因素的影响（例如人员流动、人员配备变化或管理变更），以积极或消极的方式发生显著变化。

附录 C 列出了初始事件、点火概率和保护层失效概率的估计值与数据，可用作基于风险的 DHA 分析指南。在前面的初始频率计算示例中，无任何控制措施下 50% 的点火概率就来自表 C.4。

6.2.5　第5步：确定初始风险是否可接受

风险评估时，需要将后果和初始频率结合起来。不可置信的保护层（需求时的失效概率）用于修正后果的可能性。《化学过程定量风险分析指南》(Guidelines for Chemical Process Quantitative Risk Analysis)（CCPS 1999）和《保护层分析》(Layer of Protection Analysis)（CCPS 2001）中介绍了综合初始事件频率、后果和失效概率以获得风险度量的方法。

对于第4步中的示例，将采用图6.2（CCPS 2008）中的风险矩阵。表6.2和表6.3介绍了图6.2中的后果类型和频率类型，表6.4给出了各类风险等级的定义。

表6.2　图6.2中展示的定性风险矩阵后果类型

类别	描述
1	未受伤或无健康影响
2	轻度至中度受伤或健康影响
3	中度至重度受伤或健康影响
4	永久致残或死亡

表6.3　图6.2中展示的定性风险矩阵频率类型

类别	描述
1	在过程/设备生命周期内不会发生
2	在过程/设备生命周期内可能发生一次
3	在过程/设备生命周期内可能发生多次
4	预计一年内发生多次

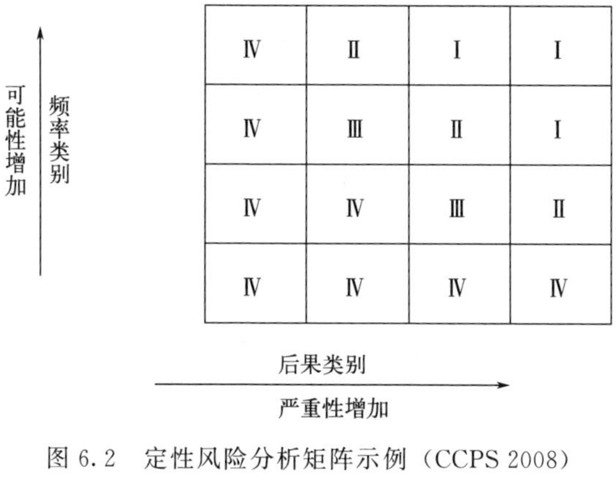

图6.2　定性风险分析矩阵示例（CCPS 2008）

表 6.4　图 6.2 中定性风险矩阵的风险等级类别和响应类别

风险等级	描述	所需响应
I	不可接受	立即采取削减措施或终止活动
II	高	在 6 个月内采取削减措施
III	中度	在 12 个月内采取削减措施
IV	可接受,不予改变	无需采取削减措施

接着第 4 步中的示例,假设第 3 步中确定的潜在后果是受限区域内爆炸导致死亡。后果严重性为 "4"。第 4 步中初始事件频率为 "2",即在过程/设备生命周期内可能发生一次。根据图 6.2 中的风险矩阵可知,风险等级为 "II"。

分析人员会问:"这一风险是否可接受?"回答这一问题之前需要建立风险可接受标准。风险可接受标准的来源有以下几种方式:

- 适当的工程规范及标准
- 公司规定的标准 (例如超过定量风险标准)
- 政府法规
- 行业倡议

根据使用的标准给出相应的可接受风险,如果对现有保护层进行评估时,评估结果是风险不可接受,那么设计人员应继续第 6 步的工作,尽可能降低风险。如果风险可接受(第 7 步)且无需增加额外的工艺安全系统,设计人员可进入第 8 步,记录结果。

在第 4 步示例中,风险等级为 "II"。在表 6.4 中,这被定义为 "高"风险,而且需 "在 6 个月内采取削减措施"。

有关定量风险标准的深度讨论,可参见 CCPS《定量安全风险标准编制指南》(Guidelines for Developing Quantitative Safety Risk Criteria)(CCPS 2009)。

6.2.6　第 6 步:提出建议和评估解决方案

对于风险不可接受的失效场景,分析人员需通过以下方式降低风险:

- 使用替代设计方案以避免所有后果的发生。
- 降低失效场景发生的频率。
- 减轻后果。

　　分析人员应审查设计方案，以确保拟议的设计变更能够充分降低风险且不会带来新的危害或风险。应从以下方面对各个可能实施的设计方案进行评估：

- 技术可行性——是否可行？
- 特定情形的适用性——是否仍能奏效？
- 成本/收益——是否对资源进行最大化利用？是否在其他地方投入相同成本可使风险降低更多？
- 协同/互斥影响——此项解决方案可否与其他潜在的改进措施共同实施？还是说实施此方案是否会否决其他潜在的可能有益的解决方案？
- 额外的新增风险——此项解决方案是否会引入新的危险且须接受评估？
- 运营可行性——是否可对行政管控进行审计和维护？

　　在应用所选的设计方案后，设计人员应重新评估场景以确定设计方案是否能将风险降至可接受水平。

　　在第 4 步示例中，表 6.4 显示未削减风险被归为"高"风险，需要"在6 个月内采取削减措施"。

　　可能的解决方案包括：制订清洁计划以防止可燃性粉尘积聚，规范动火作业程序控制点火源，合理进行电气分类，等电位连接和接地以降低点火概率，以及降低连接失效的频率的预防性维护程序。

　　如果采用上述点火源控制程序，则可将点火概率降至 0.1（见附录 C 表C.4）。这样，后果频率可从每年 0.05（1/20）降至 0.005（1/200），频率类别可理解为"1：在过程/设备生命周期内不会发生"。风险类别为"Ⅲ"，表6.4 中定义为"中度"风险，需在 12 个月内采取削减措施。

　　此外，需考虑增加保护措施，或使用更可靠的替代设计方案。分析人员可决定实施预防性维护计划，定期检查挠性连接，并在出现磨损迹象时进行更换。此种方案可将失效频率降至每年 0.01（1/100）。结合点火源控制程序，新的失效频率为每年 5×10^{-4}（1/2000）。分析人员可将此频率解释为该频率远低于"在过程/设备生命周期内不会发生"这一等级，即风险等级为"Ⅳ：无需采取削减措施"。

6.2.7　第 7 步：确定削减后的风险是否可接受

　　分析人员应再次反问："削减后的风险是否可接受？"如果答案是肯定的，分析人员可继续至第 8 步。如果答案是否，分析人员需要回到第 6 步。

如果有其他建议可在无需耗费大量资源的情况下进一步降低风险，即使风险可接受，分析人员也应考虑这些建议。这与最低合理可行性（ALARP）的概念相一致。根据 ALARP，应继续采用风险削减措施，直至实施方案增加的成本与能够实现的风险降低效果不成比例。英国使用 ALARP 描述工作场所必须控制的风险等级（HSE 2001）。

6.2.8　第 8 步：记录结果

应仔细记录风险评估结果，包括：
- 失效场景的原因
- 最终后果
- 已识别风险
- 设计解决方案

表 6.5 提供了一个风险评估记录表，该表可与图 6.2 中的风险矩阵示例结合使用，用于编制本节所用示例的 DHA 文件。

一些企业利用风险评估信息建立风险登记注册表，并将其作为公司风险管理的一部分。风险登记注册表包括所有已识别风险、其后果以及风险削减措施。

设计基础文件通常记录和保存了重要信息，在风险评估、变更管理和其他风险管理活动（包括未来设计工作）中发挥着极其重要的作用。如果没有适当的设计文件，那么在未来涉及安全决策时，将缺乏重要信息作为参考。

即使第 3 步或第 7 步应用的可接受标准确定无需使用过程安全系统，仍有必要记录这一决定，以避免设计基础与未来的运行或设计变更相矛盾。

此外，完善的文件记录将有助于促进未来变更管理（MOC）审查和 DHA 结果更新，这也是许多标准的要求。

表 6.5　风险评估记录表

场景	F	后果	S	风险	设计方案	F2	削减后的风险
挠性连接失效导致粉尘云点燃 频率=0.1 次/年，点火概率=50%	2	火灾爆炸，人员伤亡	4	Ⅱ级，高风险	对挠性连接进行过程管理将频率降至 0.01 次/年 点火源控制,将点火概率（POI）降至 10%	<1	Ⅳ级，风险可接受

6.3　DHA 风险评估、附加要求

第 5.1 节介绍了传统危害分析方法的某些方面。下文给出了在进行基于风险的分析时，需要考虑的一些附加因素。

6.3.1　DHA 负责人能力要求

首先，DHA 团队需要有人熟悉所使用的方法。在基于风险的 DHA 分析中，此人需熟悉企业的风险可接受标准以及如何进行风险评估。此外，他/她还需了解在 DHA 分析中如何评估保护层的可靠性和独立性。

6.3.2　文件记录

传统 DHA 分析的记录文件可参见第 5.2.6 节。基于风险的记录文件还必须包括定性风险评估后果和频率的选择依据。《过程安全文件记录指南》(Guidelines for Process Safety Documentation)（CCPS 1996）提供了风险评估记录的更多信息。

6.4　变更管理及风险评估更新

变更管理是基于风险的过程安全的 20 个要素之一（CCPS 2008a）。无论何时，只要对装置或过程做出变更且影响到工艺安全信息，都要检查危害分析，以确保变更不会对装置安全产生不利影响。与此同时，还需对过程危害分析的更新及续期作出要求。这些要求应适用于 DHA 分析。

如果正如第 6.2 节描述的基于风险的评估与 DHA 分析是分开进行的（有时可能会出现这种情况），那么在更新过程中就有可能会忽略此评估。因此，企业应制定程序，当变更影响了风险评估或带来新的场景需进行分析时，审查和更新此类风险评估。

6.5 总结

基于风险的危害分析方法为各组织提供了一种落实风险可接受标准的方法。该方式还提供了一种证明基于性能的保护方案符合法规或标准意图的逻辑方法。如果标准中没有对特定设备的规定要求，基于风险的方法也是有效的。

本章介绍了基于风险的 DHA 分析八步法，该方法摘自 CCPS 出版的《危害评估程序指南》（Guidelines for Hazard Evaluation Procedures）（第 3 版），并增加了将风险矩阵应用于除尘器的危害分析案例。

当使用基于风险的方法进行分析时，可能需要更加详细的工艺安全信息。同样重要的是，分析团队内要有熟悉基于风险分析方法的人员。另外，还需建立相关系统，以确保在出现影响风险分析的变更时可以对风险分析进行更新。

6.6 参考文献

ASTM 2012，ASTM D3523，*Standard test method for spontaneous Heating Values of Liquids and Solids（Differential Mackey Test）*，ASTM International，WestConshohoken，PA，2012. DOI: 10.1520/D3523-92R12，www. astm. org

ASTM 2013，ASTM E2021，*Standard test method for hot-surface ignition temperature of dust layers*，ASTM International，West Conshohoken，PA，2013，DOI: 10.1520/E2021，www. astm. org

Britton，L 1999，*Avoiding static ignition hazards in chemical operations*，Center for Chemical Process Safety of the American Institute of Chemical Engineers，New York，NY.

CCPS 1996，*Guidelines for process safety documentation*，Center for Chemical Process Safety of the American Institute of Chemical Engineers，New York，NY.

CCPS 1998，*Guidelines for Design Solutions for Process Equipment Failures*，Center for Chemical Process Safety of the American Institute of Chemical Engineers，New York，NY.

CCPS 1998a，*Guidelines for improving plant reliability through data collection and analysis*，Center for Chemical Process Safety of the American Institute of Chemical Engineers，New York，NY.

CCPS 1999，*Guidelines for chemical process quantitative risk analysis*，*2nd edition*，Center for Chemical Process Safety of the American Institute of Chemical Engineers，New York，NY.

CCPS 2001，*Layer of protection analysis*，*simplified process risk assessment*，Center for Chemical Process Safety of the American Institute of Chemical Engineers，New York，NY.

CCPS 2008，*Guidelines for hazard evaluation procedures*，3rd *edition*，Center for Chemical Process Safety of the American Institute of Chemical Engineers，New York，NY.

CCPS 2008a，*Guidelines for management of change for process safety*，Center for Chemical Process Safety of the American Institute of Chemical Engineers，New York，NY.

CCPS 2009，*Guidelines for developing quantitative safety risk criteria*，Center for Chemical Process Safety of the American Institute of Chemical Engineers，New York，NY.

CCPS 2014，*Guidelines for enabling conditions and conditional modifiers in layers of protection analysis*，Center for Chemical Process Safety of the American Institute of Chemical Engineers，New York，NY.

CCPS 2015，*Guidelines in initiating events and independent protection layers in layer of protection analysis*，Center for Chemical Process Safety of the American Institute of Chemical Engineers，New York，NY.

Freeman，R. 2011，'What to do when nothing has happened?'，*Process Safety Progress*，Vol. 30，No. 3，pp. 204-211，September 2011.

FM 2013，FM-Global，Data Sheet 7-76，*Prevention and mitigation of combustible dust explosions*，April，2013.

Glor，M 1998，*Electrostatic hazards in powder handling*，Research Studies Press Ltd.，Letchworth，Hertfordshire，England.

HSE 2001，Reducing Risk，Protecting People：HSE's decision-making process，Health and Safety Executive（UK），ISBN 0 7176 2151 0，Her Majesty's Stationary Office，Norwich，UK，2001.

IEC 2013, IEC/TS 60079-32-1, *Explosive atmospheres-part 32-1*): *electro-static hazards guidance*, International Electrotechnical Commission, Brussels, *2013*.

NFPA *2013*, NFPA *68*, *Standard on explosion protection by deflagrating venting*, National Fire Protection Association, Quincy, MA, *2014*.

NFPA *2014*, NFPA *77*, *Recommend practice on static electricity*, National Fire Protection Association, Quincy, MA, *2014*.

Pratt, T *1997*, *Electrostatic ignitions of fires and explosions*, Center for Chemical Process Safety of the American Institute of Chemical Engineers, New York, NY.

第 7 章

特别注意事项：已建设施存在的可燃性粉尘问题

7.1 引言

相较于易燃蒸气，涉及可燃性粉尘的过程评估更为困难。在进行评估准备工作时，应多注意以下特殊事项。

7.2 已建设施和可燃性粉尘

如果已建设施从未或已经很长时间未进行深入的危险分析，那么在 DHA 分析时可能会遇到一些特殊问题。如果是很长时间未分析，可能需要根据现行的标准来重新评估其运行情况。如果公司的可接受风险发生了变化，或在最近的一次危险分析结束后才引入了风险可接受标准，则需要对 DHA 的内容进行更新。有些问题甚至可能在开始 DHA 分析前的初步预查中就已经显现出来，而其他问题可能只有通过 DHA 进行深入询问才能发现。本节将对已建设施中可能出现的问题进行介绍。

7.2.1 潜在问题

现场清洁。现场清洁不当的危险如第 4.2 节所述，简单的调查即可发现这类问题。有些组织极少进行清洁或者甚至不进行清洁，第 2 章中图 2.4～图 2.6（海格纳士公司）以及图 2.13（帝国糖业公司）就是现场清洁极其糟糕的示例。如果现场处于此种情况，则应立即采取措施。如第 4.3.1 节所述，现场可在短期内立即进行清洁，并且在长期内制订清洁计划并实施。存在清洁问题的设施可能需要配备一个或多个除尘器以清除扬尘。一些组织可能会在地板等可见区域进行清洁，但往往忽视水平面或高处区域（如横梁、管路、管道和灯具），或者无正式的清洁方案。

在清理严重堆积的粉尘时，如果操作不当可能会造成重大风险。因此，必须注意确保清洁操作不会引起不安全的情况，特别是在未制定清洁程序和未充分了解危险时。在开始清洁作业前可能需进行 DHA 分析，以确保危险已得到解决。

以下是一个真实的案例。

在一次收购中，该工厂的部分产品中含有经研磨制成的细小固体。研磨室粉尘积聚严重。一项工程研究表明，该设备并非设计用于小颗粒物，因此泄漏问题严重。而解决这一问题的成本非常高，所以该公司选择关闭研磨作业，并将其外包给第三方。第三方拥有合适的处理设备，能够满足处理小颗粒物的设计要求。

危险特性。可燃性粉尘的危险特性可能不为人所知。在极端情况下，虽然工厂正在处理可燃性粉尘，但却对其一无所知。在此时，现场可能未配备适当的预防、保护和缓解措施。某些情况下，工厂可能不知道非可燃性粉尘的原料（如团粒）在处理和加工过程中会分解产生粉尘；而在其他情况下，工厂可能不了解可燃性粉尘的危害。

如果工厂并不清楚自己正在处理可燃性粉尘，那么可能需要进行大量测试。这可能需要数月时间并花费数万美元，具体取决于所涉及的原材料、产品和中间物的数量。此外，组织需制定测试的优先顺序。如果测试结果显示可燃性粉尘存在高风险（高爆燃指数和低 MIE 值），则需要减少作业量，直至实施改进措施。在此期间，工厂可在适当的管控下继续作业。

生产类型或产品和/或使用的工艺的变更也有可能导致使用不正确的爆炸数据。如果使用了过时的测试方法，或加工的材料或工艺本身发生变更，则可能需要重新进行测试。例如，以前在哈特曼管（1.2L 垂直管）中进行爆燃指数（K_{St}）测试。现在人们已经知道这种管得出的 K_{St} 值并不保守（偏低），目前的测试标准要求使用更大的 20L 或 $1m^3$ 球体。另一个例子是最小点火能（MIE）。ASTM 的测试方法在 1999 年才正式确定，在此之前，有几种方法均在使用。

设计基础。如果现有保护系统的设计基础未知，可能需要重新设计。此外，如缺失对于设计至关重要的设备信息（如屈服压力或爆破压力），也可能需要通过工程计算获得。此类计算可能比较困难。

保护系统不当或不足。即便已经知道了危险特性，保护系统也有可能不完善或实施不当。相关示例如下：

• 法规和标准的合规性。一些法规和标准可能会随时间的推移而变更。这些变更可能具有追溯效力，也可能没有。因此，应对设施和适用标准进行审查，以确定是否已执行任何可追溯要求。

• 联锁。根据定义，用于预防或减轻火灾与爆炸的联锁为安全控制、报警和联锁（SCAI），它们需要具有降低风险的能力，并必须进行维护。更多关于

SCAI 的详情，参见《化工过程安全自动化应用指南》（Guidelines for Safe Automation of Chemical Processes）（CCPS 1993）、《安全可靠的仪表保护系统指南》（Guidelines for Safe and Reliable Instrumented Protective Systems）（CCPS 2007）和行业标准，如 IEC 61511（IEC 2003）和 ANSI/ISA 18.2（ANSI 2009）。

• 氧化控制系统。工厂可能会使用惰化系统，但其实施不符合 NFPA 69 的规定。根据 NFPA 654 第 7.1.4.1 节要求，使用氧气监测的惰化系统需符合 IEC 61511（IEC 2003）标准。这意味着所用系统需为安全仪表系统（SIS）且须符合严格的设计和维护标准。（注：可采用其他方式确认氧化控制是否充分，如压力监测、惰性气体流量监测等）

• 隔爆系统。一些工厂可能安装了适当的防爆和/或保护系统，但却忽视了隔爆系统，见第 3.1.7 节。

• 泄爆。近年来，计算设备和建筑物的泄爆口尺寸的公式发生了变化。例如，对于容器长径比（L/D）大于 2 时，泄爆口的尺寸计算公式有所变更。现有泄爆口尺寸可能过小，无法安全泄放此类容器的压力。建筑泄压的计算公式也发生了变化，因此，可能还需要重新审查计算方式。

• 泄爆管道。泄爆口的另一个潜在问题是，它们可能被安装在建筑物内的设备上，却没有合适的管道将压力直接排放至建筑物外。在室内进行泄爆防护通常存在安全隐患，除非其距离外墙足够近，才可将爆炸引至室外。然而，泄爆管道可能会生成背压，随着管道长度的增加，其尺寸要求亦会增加。如果管道过长，则泄爆口的尺寸可能变得不太合理。如果泄爆口出口被阻塞（如被附近墙壁阻挡），则可能无法充分释放爆炸压力，并导致设备超压破裂。另一个问题在于，即便设备位于户外，泄爆口也可能没有被导向安全场所。例如，泄爆口可能指向邻近建筑物或常用的人行道。参考以下案例：

> 某公司收购了一家生产多种研磨精细产品的公司。被收购公司工厂有十几条生产线，每条生产线都由研磨机、袋式除尘器和料斗组成。所有生产线均在一栋建筑内，所有袋式除尘器均采用将压力排入建筑内的泄爆口保护。每条生产线均须配备抑爆系统和隔爆系统，并须密封泄爆口。

点火源控制。第 3.1.1 节已对点火源控制进行了介绍。可能存在的问题包括：

• 电气分类不当或未进行电气分类。这可能包括使用存在点火危险的电气设备，或设备分类与现场条件不匹配。如第 3.1.1 节所述，后者与清洁状况以及可接受的粉尘水平有关。

• 无接地或等电位连接。即便现场进行了良好的接地和等电位连接，如果不进行维护或发生变更，等电位接地和连接的完整性也可能受到影响。

• 动火作业计划不完善或缺少动火作业计划。动火作业计划可能不存在、未涵盖所有的偶发事件、未强制执行，或其记录未保存。

室内设施。建筑物内的可燃性粉尘处理设施会带来一些特殊问题。由于墙壁的密封性，火灾或爆炸的后果变得更加复杂。此外，建筑物逃生通道也有可能受到限制。一些需要考虑的事项包括：

• 有人值守的建筑物/房间。在有设备的建筑物内设置控制室会产生额外风险。控制室大部分时间都是需要人员值守的。因此，工作人员会因墙壁倒塌、窗户破裂等原因存在受伤或死亡风险。控制室需要重新安置或用防爆墙进行保护。如果有人值守的建筑物与处理设施共用一堵墙，也会使人们面临更高的风险。建议采用此种组合：对于相邻墙，使用防爆墙；对于非相邻墙，使用泄爆口。

• 有限的防爆选择方案。建筑物内的设备通常需通过惰化系统或抑爆系统保护。除非设备相对较小，否则压力安全壳的保护方式可能不具成本效益。本节前面部分已介绍了在建筑物内设置泄爆装置的危害。除非燃烧产物具有毒性，否则如 NFPA 68 第 6.9 节所述，防尘阻火装置可作为一种选择方案。

• NFPA 101——生命安全规范的适用性。在美国，处理可燃性粉尘的设施属于 NFPA 101 所规定的高危内容，需要遵守这些要求。NFPA 101 在以下方面对工业和存储区域作出了相应要求：出口路线、火灾和烟雾报警、消防、建筑耐火性、应急照明、消防系统测试等。可能还有其他适用的当地建筑规范。另外，其他国家也会有自己的要求，操作人员亦需有所了解。

• 原始建筑的适用性。NFPA 654 第 6.3 节对设施设计的要求包括：粉尘处理区与其他区域分离或隔离、建筑结构类型、耐火等级、出口路线、房间或建筑物的泄爆装置以及电气设备。

7.2.2　问题的影响

对于一个从未经过适当审查的装置而言，上述潜在问题可能会耗费大量工程时间和资金，以符合现行标准，除非能够证明其原始设计符合建造时的标准。即便如此，一些标准的规定可能仍然需要追溯。

设备位置可能会阻碍防爆改造，如室内和室外、邻近墙壁距离和设施布局。另外，可能还需更新或制定操作和维护程序并开展相应的培训。

7.2.3 预防措施

在第 7.2 节所述的两个案例中，规模较小的公司所拥有的设施被另一家公司收购，而被收购的设施未充分控制可燃性粉尘的危害。在某些情况下，缺乏可燃性粉尘处理经验的公司可能会收购具有相关经验的公司或设施。

为避免收购引起的潜在问题，公司应进行尽职调查，以确定问题并合理评估将收购的设施提升至可接受风险水平所需的时间和成本。

如果组织或工厂期望避免第 7.2 节所述各类已建设施问题，则需实施一些关键管理体系。包括可实施 DHA 分析计划（需要定期重新验证 DHA 结果）、变更管理计划（分析变更影响，包括对危险特性的潜在影响）和机械完整性计划。

有关此类主题的信息来源，可参见以下 CCPS 出版的书籍：

• Guidelines for Acquisition Evaluation and Post-Merger Integration，2013（CCPS 2013）

• Guidelines for the Management of Change for Process Safety，2008（CCPS 2008a）

• Guidelines for Mechanical Integrity Systems，2006（CCPS 2001a）

• Revalidating Process Hazard Analyses，2001（CCPS 2001b）

7.3 总结

如果已建设施没有进行过全面的 DHA 分析，则可能面临特殊挑战。这些挑战可能包含设施完全没有可燃性粉尘处理的设计和防护，或者设施有一定的防护和缓解措施，但未进行妥善维护或实施，无法达到良好实践标准。本章介绍了设施在进行初次全面 DHA 分析或较长时间首次进行 DHA 分析时需要注意的一些事项。

为避免陷入大规模跟进状态，组织应制订完善的变更管理计划，对 DHA 结果进行定期再验证和实施审查。在采购新设施时，组织应进行尽职调查以免发生意外。

7.4　参考文献

ANSI 2004，ANSI/ISA-84. 00. 01-2004 Part 1，（IEC 61511-1 Mod），*Functional safety：safety instrumented systems for the process industry sector-part 1：framework，definitions，system，hardware and software requirements*，Research Triangle Park，NC.

ANSI 2009，ANSI/ISA 18. 2-2009，*Management of alarm systems for the process industries*，Research Triangle Park，NC.

CCPS 1993，*Guidelines for safe automation of chemical processes*，Center for Chemical Process Safety，New York，NY.

CCPS 2001a，*Guidelines for mechanical integrity systems*，Center for Chemical Process Safety，New York，NY.

CCPS 2001b，*Revalidating process hazard analyses*，Center for Chemical Process Safety，New York，NY.

CCPS 2007，*Guidelines for safe and reliable instrumented protective systems*，Center for Chemical Process Safety，New York，NY.

CCPS 2008，*Guidelines for the management of change for process safety*，Center for Chemical Process Safety，New York，NY.

CCPS 2008a，*Guidelines for the management of change for process safety*，Center for Chemical Process Safety，New York，NY.

CCPS 2013，*Guidelines for acquisition evaluation and post-merger integration*，Center for Chemical Process Safety，New York，NY.

IEC 2003，IEC 61511*Functional safety：Safety instrumented systems for the process industry sector-part 1：framework，definitions，system，hardware and software requirements*，Geneva，2003.

第 8 章

分析示例

8.1 引言

本章着重介绍了三个固体处理过程的假定示例，旨在说明如何使用第 5 章所述传统方法与第 6 章所述基于风险的方法进行 DHA 分析。

这些示例的目的是说明如何进行 DHA 分析，不一定包括每种类型设备的所有失效场景。

8.2 示例 1

8.2.1 过程描述——示例 1

示例 1 为一条研磨生产线。生产线的工艺流程如图 8.1 所示。可燃性粉尘从 50lb（22.7kg）的包装袋或散装袋倒入 $10m^3$ 的料斗中，通过旋转阀送入锤式粉碎机。磨粉产品经过旋风除尘器使用空气输送，之后被送入一个 $10m^3$ 的料斗，

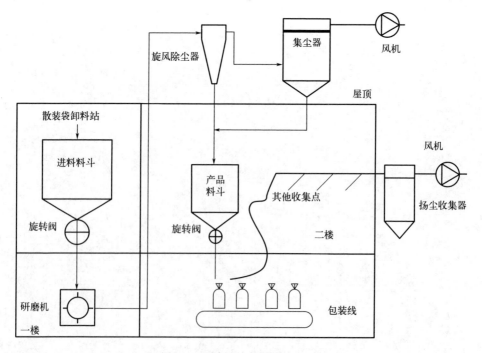

图 8.1 示例 1：简易研磨过程

然后进入包装线，封装成袋。含细粉的旋风除尘器出口的空气排至 $4m^3$ 的集尘器。另外设有一个 $2m^3$ 的扬尘收集器，用以收集包装线和装置其他位置的扬尘。

除位于建筑物屋顶的旋风除尘器、集尘器和位于建筑外地面上的扬尘收集器外，其余设备均位于工艺厂房内。

8.2.2　传统粉尘危害分析——示例 1

传统的 DHA 分析步骤（第 5.2 节）如下：
① 确定是否涉及可燃性粉尘
② 确定适用的标准
③ 确定存在火灾/爆炸危险的位置
④ 对照标准要求审查装置/设备运行情况
⑤ 提出建议
⑥ 记录审查结果
⑦ 落实建议

第 1 步：确定是否涉及可燃性粉尘

在进行 DHA 分析时，需了解或确定原材料和产品粉末的危险特性。如果危险特性未知，在 DHA 分析初期可能需要确定测量哪些特性，以便实施潜在的预防和缓解方法。对于原材料和产品粉末，应首先询问如下问题：

• 粒径和分布情况如何？如果中值粒径小于 $500\mu m$，或约 $5\%\sim10\%$ 的颗粒小于 $500\mu m$，则需进行测试。

• MIE、K_{St}、P_{max} 和 MEC 分别是多少？爆炸数据是否是使用公认的测试方法对实际物料进行处理得到的？是否有关于研磨物料和除尘器内物料（可能比原始粉末细很多）的数据？

• 粉末的热分解起始温度是多少（见第 3.2.2 节粉碎设备）？物料会阴燃还是熔化？

本例中，假设表 8.1 中的特性适用。

表 8.1　示例 1 的危险特征

项目	K_{St}/(bar·m/s)	P_{max}/bar	MIE/mJ	热分解起始温度/℃
原材料	150	8	50~100	350
产品粉末	250	9	3~10	150

第 2 步：确定适用的标准

第 5.2.2 节列出了可能适用于可燃性粉尘的标准。请注意，美国的可燃性粉尘标准分为以下几类：

- 农业和食品加工
- 煤粉
- 金属
- 木材加工
- 硫
- 其他粉尘

对于示例 1，假设适用《可燃性固体颗粒的生产、加工和处理过程中防火和防粉尘爆炸标准》（Standard for the Prevention of Fires and Dust Explosions from the Manufacturing，Processing，and Handling of Combustible Particulate Solids）（NFPA 654）。

第 3 步：确定存在火灾/爆炸危险的位置

相关的潜在危害包括层火、闪火和爆炸。如果 DHA 团队正在对已建装置进行粉尘危害分析，则应对装置进行检查。团队应特别留意设备附近以及任何水平面（如横梁或灯具）的粉尘积聚。

团队需注意的其他事项包括：

- 是否采用准确反映设备和管道布局的最新 P&ID
- 是否有迹象表明粉尘正从设备中（特别是在挠性连接附近）逸出
- 扬尘排放系统运行正常
- 泄爆装置指向安全区域
- 与其他暴露场所充分隔离
- 采用最新版标准作业程序（SOP）

在本示例的过程中，可能存在层火和闪火的地点为扬尘积聚区域或能形成粉尘云的区域。这些区域包括散装袋卸料站、研磨装置和包装设备。

可能发生爆炸的区域包括料斗、旋风除尘器和集尘器。如果过程发生在建筑物内，那么扬尘可能导致建筑物内出现闪火或爆炸。

附录 C 表 C.1 可用于确定可能发生火灾或爆炸的区域。

第 4 步：对照标准要求审查装置/设备运行情况

一种常见的方法是将过程划分为多个节点。比较好的方法是为各个房间/封闭场地以及单元操作设置节点。以下为示例 1 的节点列表：

节点 1：散装袋卸料站

节点 2：进料料斗

节点 3：锤式粉碎机和到旋风除尘器的管道

节点 4：旋风除尘器

节点 5：集尘器

节点 6：产品料斗

节点 7：包装设备

节点 8：扬尘收集器

节点 9：封闭场地/房间

图 8.2 在 PFD 上展示了这些节点。

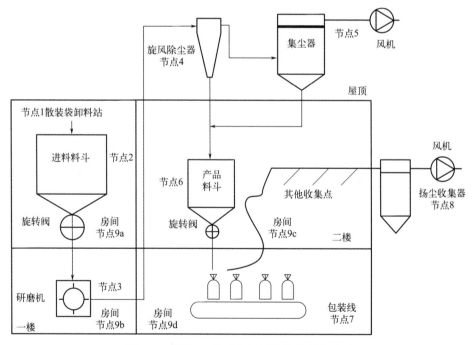

图 8.2 示例 1：带节点标识的简易研磨过程

可遵照表 8.2～表 8.10 中的格式进行传统的 DHA 分析。表格中的各行显示了危险场景、后果、保护措施和建议。每个节点可能有多种场景，标记为场景 A、场景 B 或场景 C。适用于特定危险场景的后果、保护措施和建议由场景字母标识。建议由节点号标识。

> **注意**：以下分析仅用于说明目的。读者不得假设该分析为完整的或完善的 DHA 分析。
>
> 请勿假设所有危险均被识别。
>
> 请勿假设推荐的保护措施和建议适用于您的系统。

表 8.2　节点 1：传统 DHA 分析——散装袋卸料站

节点 1	散装袋卸料站
危险场景	场景 A) 散装袋失效产生的粉尘云被静电点燃
	场景 B) 料斗爆炸导致粉尘悬浮，点燃粉尘云 (见节点 2)
后果	A) 闪火,可能造成伤亡
	B) 室内二次爆炸,可能造成伤亡
保护措施	A) 使用 B 类散装袋 (NFPA 654-9.4.3.3)。
	A) 使用个人防护用品 (PPE) 保障人员安全 (防火服、面罩)。
	A) 接地和等电位连接系统 (NFPA 654-9.3.2)
建议	1A1) 操作程序应说明卸料前要验证所使用的为 B 类散装袋。
	1B1) 在充电站附近安装扬尘收集器 (NFPA 654-8.1.1)。
	1B2) 确保扬尘得到立即有效清理 (NFPA 654-8.2.1)。
	1B3) 确保排气连接足够牢固,以避免粉尘意外释放。
	1B4) 确保电气设备符合该区域的电气分类要求 (NFPA 654-6.5)。
	1B5) 采用公司实践做法:
	支撑 FIBC 的重量,夹住袋子出口;
	提供安全场所解开包装——无夹点;
	轻抽真空以压缩空袋;
	维护防尘系统。
	1B6) 制订清洁计划并文件记录,以防止有害粉尘积聚 (NFPA 654-8.2)

表 8.3　节点 2：传统 DHA 分析——进料料斗

节点 2	进料料斗 (见第 3.2.4 节)
危险场景	场景 A) 可能存在静电积聚,进而导致着火
	场景 B) 锤式粉碎机的爆炸蔓延可能导致着火
后果	A & B) 容器爆炸,可能造成伤亡
保护措施	A) 装置等电位连接和接地 (NFPA 654-9.3.2) (料斗由导电材料制成,壁上无涂层)
	B) 进料料斗和锤式粉碎机之间的旋转阀作为隔爆装置 (NFPA 654-7.1.6.1)
建议	2A1) 提供防爆保护 (NFPA 654-7.1.4)。如果料斗靠近外墙,则需使用符合 NFPA 68 标准的泄爆装置。
	2B1) 确保旋转阀的设计符合 NFPA 69-12.2.4 的要求[①]

① 旋转阀设计：阀体两侧应至少各有两个叶片,而且始终处于最小间隙位置,以防止点火源蔓延。此外,阀门的构造应能够承受住最大泄放压力 (P_{red}) (NFPA 69-12.2.4)。

表 8.4　节点 3：传统 DHA 分析——锤式粉碎机和到旋风除尘器的管道

节点 3	锤式粉碎机和到旋风除尘器的管道(见第 3.2.2 节)
危险场景	场景 A)热分解或静电荷造成粉碎机内点火[研磨粉末的起始温度较低(150℃),最小点火能为 3~10mJ]
	场景 B)点火源(热余烬)和爆炸可能蔓延至进料料斗、旋风除尘器及集尘器
	场景 C)锤式粉碎机的机械故障(锤体脱落)引起的摩擦起火
	场景 D)进料中异物引起的摩擦起火
后果	A)锤式粉碎机爆炸,造成潜在人员伤亡和重大设备损坏
	B、C & D)热余烬造成上游和下游设备以及锤式粉碎机爆炸,潜在人员伤亡、重大设备损坏
保护措施	A)按照 NFPA 77 要求进行等电位连接和接地
建议	3A1)在锤式粉碎机上安装防爆装置,如泄爆、抑爆、惰化或封闭系统[设计可承受 3~6bar(表压)压力、抗爆炸冲击](NFPA 654-7.15.1,NFPA 68 或 NFPA 69)[①]。 3A2)对锤式粉碎机实施预防性维护和/或振动监测措施。 3A3)确保旋转阀的设计符合 NFPA 69-12.2.4 的要求[②]。 3B1)在锤式粉碎机出现故障时关闭进料斗出口旋转阀(NFPA 654 附录 B.6.1)。 3B2)在锤式粉碎机和旋风除尘器之间安装隔爆装置(NFPA 7.15.1 & 7.1.4)。 3C1)制订锤式粉碎机的检查和维护计划。 3D1)使用筛网和/或磁力分离器筛去夹杂金属

①锤式粉碎机、旋风除尘器、集尘器和产品料斗的惰化防爆可通过闭环系统实现,以避免安装隔爆装置 (建议 3B2)。

②旋转阀设计:阀体两侧应至少各有两个叶片,而且始终处于最小间隙位置,以防止点火源蔓延。此外,阀门的构造应能够承受住最大泄放压力 (P_{red}) (NFPA 69-12.2.4)。

表 8.5　节点 4：传统 DHA 分析——旋风除尘器

节点 4	旋风除尘器
危险场景	场景 A)可能存在静电积聚,进而导致着火
	场景 B)来自锤式粉碎机的点火源(热余烬)引起旋风除尘器爆炸(参见节点 3 危险场景 B)
后果	A & B)旋风除尘器爆炸,可能造成人员伤亡(如屋顶存在人员)
	B)爆炸蔓延至集尘器和产品料斗。如屋顶或产品进料斗附近存在人员,可能造成伤亡
保护措施	A)等电位连接和接地(NFPA 654-9.3.2)。 B)旋风除尘器位于屋顶,减小了人员受影响的概率(但对产品料斗附近的人员不适用)
建议	4A & 4B1)系统运行时,限制人员进入屋顶。 4A2)在旋风除尘器上安装防爆装置(NFPA 654-7.1.4)[①]。 4B2)在旋风除尘器、集尘器和产品料斗之间安装隔爆装置(NFPA 654 7.1.6)[①②]。 4B3)在锤式粉碎机和旋风除尘器之间安装隔爆装置(NFPA 7.1.4 & 7.15.1)

①锤式粉碎机、旋风除尘器、集尘器和产品料斗的惰化防爆可通过闭环系统实现,以避免安装隔爆装置 (建议 4B2 和 4B3)。

②需分别在旋风除尘器出口与集尘器出口管线汇管前安装两个单独的隔爆装置,以防止爆炸通过出口管线蔓延。

表 8.6　节点 5：传统 DHA 分析——集尘器

节点 5	集尘器(见第 3.2.1 节)
危险场景	场景 A)可能存在静电积聚,进而导致着火
	场景 B)集尘器滤袋损坏穿透,可燃性物料进入风机,风机可能成为点火源
	场景 C)来自锤式粉碎机或旋风除尘器的点火源(热余烬)引起爆炸(见节点 4)
后果	A、B 和 C)集尘器爆炸,容器破裂,可能造成人员伤亡(如屋顶存在人员)
	A & B)集尘器爆炸蔓延至旋风除尘器和产品料斗,可能造成人员伤亡
保护措施	A)等电位连接和接地(NFPA 654-9.3.2)
	A & B)集尘器位于屋顶,减小了人员受影响的概率
建议	5A & 5B1)在集尘器上安装防爆装置(NFPA 654-7.1.6)[1]。 5A & 5B2)在旋风除尘器和集尘器之间安装防爆装置(NFPA 654-7.1.6)[2]。 5A & 5B3)在产品料斗和集尘器之间安装隔爆装置(NFPA 654-7.1.6)[3]。 5A & 5B4)系统运行时,限制人员进入屋顶(NFPA 68-6.6.2)。 5B5)对袋式除尘器增加压差检测,检测袋式除尘器的破碎情况,并在低压差时关闭风机。 5B6)在风机前增加一个精制过滤器并进行压差检测,在精制过滤器高压差时关闭风机。 5B7)制订检查和维护计划,以根据需要检查和更换滤袋,以及/或按照预定计划更换滤袋

① 锤式粉碎机、旋风除尘器、集尘器和产品料斗的惰化防爆可通过闭环系统实现,以避免安装隔爆装置(建议 5B2 和 5B3)。

② 在某些情况下,旋风除尘器和集尘器安装位置过于接近,无法隔离。

③ 这是一个独立地位于旋风除尘器和产品料斗之间的隔爆装置,应置于连接管道的三通接头前。

表 8.7　节点 6：传统 DHA 分析——产品料斗

节点 6	产品料斗(见第 3.2.4 节)
危险场景	场景 A)可能存在静电积聚,进而导致着火和爆炸(如果料斗足够大,可进行锥形卸料)
	场景 B)从集尘器处蔓延的火灾导致爆炸
后果	A & B)产品料斗爆炸,可能造成人员伤亡和料斗受损
保护措施	A)装置等电位连接和接地(NFPA 654-9.3.2)。 A)料斗由导电材料制成,壁上无涂层
建议	6A1)按照 NFPA 654 要求提供防爆装置[1][2]。 6B1)在产品料斗和集尘器之间安装隔爆装置(NFPA 654-7.1.6)[3]

① 锤式粉碎机、旋风除尘器、集尘器和产品料斗的惰化防爆可通过闭环系统实现,以避免安装隔爆装置(建议 6B2)。

② 如果料斗靠近外墙,则需使用符合 NFPA 68 标准的泄爆装置。如果料斗位于建筑物内,安装泄爆装置是不切实际的,那么按照 NFPA 69 要求,防爆保护应为抑爆系统或惰化系统,或为阻火器和粉尘捕集装置。

③ 隔爆装置应为一个独立地位于旋风除尘器和产品料斗之间的装置,应置于连接管道的三通接头前。

表 8.8　节点 7：传统 DHA 分析——包装设备

节点 7	包装设备
危险场景	场景 A)包装袋热封是扬尘的潜在引燃源
	场景 B)包装设备的出口管线静电着火
	场景 C)爆炸从产品料斗蔓延至扬尘收集器
后果	A & B)潜在闪火,导致操作人员受伤,潜在设备损坏
	C)潜在人员伤亡和/或设备损坏
保护措施	A)扬尘收集系统。 A)清洁计划以防止扬尘排放积聚。 B)装置和出口管线等电位连接并接地(NFPA 654-9.3.2)。 C)产品料斗和包装设备之间的旋转阀用作隔爆装置(NFPA 654-7.1.6.1)
建议	7A1)确保电气部件符合 NFPA 654-6.5 的区域电气分类要求。 7A2)要求使用 FRPPE 衣服。 7C1)在扬尘收集器和包装设备之间安装隔爆装置

表 8.9　节点 8：传统 DHA 分析——扬尘收集器

节点 8	扬尘收集器(FDC)
危险场景	场景 A)可能存在静电积聚,进而导致着火
	场景 B)扬尘收集器滤袋损坏穿透,可燃性物料进入风机,风机可能为点火源
后果	A & B)扬尘收集器爆炸蔓延至粉尘收集区,可能造成伤亡
防护措施	A)等电位连接和接地(NFPA 654-9.3.2)
建议	8A & 8B1)在扬尘收集器上安装防爆装置(NFPA 654-7.1.4)。 8A & 8B2)在扬尘收集器和粉尘收集点之间安装隔爆装置(NFPA 654-7.1.6.1)①。 8B3)对扬尘收集器进行压差检测,检测过滤器的损坏穿透情况,低压差时关闭风机(NFPA 654-7.12.2)

　① 如果扬尘收集器的粉尘收集点是同一过程的不同设备部件, 管道可以直接连接至管汇, 仅在扬尘收集器处设置一个隔爆装置。如果粉尘收集点来自不同过程的设备部件, 那么每个管道都需配备一个隔爆装置。

表 8.10　节点 9：传统 DHA 分析——封闭场地/房间

节点 9A、9B、9C 和 9D	封闭场地/房间①
危险场景	场景 A)热表面上可燃性粉尘积累导致出现闪火
	场景 B)设备内部爆炸引起二次爆炸(见前面节点),或设备泄漏着火以及堆积的可燃性粉尘起火
后果	A & B)潜在人员伤亡,重大设备和建筑物损坏

续表

保护措施	A)包装设备设扬尘收集区。 A)适当的电气区域分类(NFPA 654-6.5.1)
建议	9A1)在充电站附近安装扬尘收集器(NFPA 654-8.1.1)。 9A2)在扬尘收集器和粉尘收集区之间安装隔爆装置(NFPA 654-7.1.6)。 9A3)制订清洁计划并文件记录,以防止有害粉尘积聚(NFPA 654-8.2)。 9A4)确保计划有效执行,以保持电气设备的完整性。 9A5)按照 NFPA 654-10 安装自动灭火系统,减小火灾发生概率

① 为简单起见,本书中将所有独立的房间都合并到一起讨论。实际操作中,应对每个封闭场地和房间进行单独评估。鉴于每个封闭场地有所差异,因此相应建议有所不同。

第5～7 步：提出建议、记录审查结果和落实建议

提出的建议作为 DHA 分析的一部分。使用表 8.2～表 8.10 所示的格式可使 DHA 团队在审查过程中记录审查情况。所有建议都有对应的编号,可追溯至 DHA 表格中。如此一来,建议列表可与 DHA 文件相关联,从而与特定的危险场景相关联。有关建议文件记录和落实,参见第 5.2.6 节和第 5.2.7 节。

8.2.3　基于风险的粉尘危害分析——示例 1

① 风险矩阵。基于风险的分析方法使用图 8.3 中风险矩阵作为风险可接受标准。矩阵中的两个尺度说明了后果(影响)和频率的递增水平。矩阵各单

场景风险等级

0	1	2	3	4	5
−1	0	1	2	3	4
−2	−1	0	1	2	3
−3	−2	−1	0	1	2
−4	−3	−2	−1	0	1
−5	−4	−3	−2	−1	0
1	**2**	**3**	**4**	**5**	

（左侧纵向标注：可能性；底部标注：后果严重性）

右上方(深灰)风险呈上升趋势,此种情况通常需立即采取风险降低措施。
左下方(白色)风险呈下降趋势,此种情况风险整体可接受,通常无需采取措施。
中间区域(浅灰)需进行进一步分析,短期内需采取风险降低措施,直到风险达到最低合理可行水平。

图 8.3　风险矩阵示例（CCPS 2008）

元格定义了各组后果/频率的相对风险度。场景风险向右上方递增，向左下方递减。表 8.11 介绍了图 8.3 中的后果分类，表 8.12 介绍了图 8.3 中的频率分类。

表 8.11　图 8.3 风险矩阵示例中的后果分类

后果类别	后果程度				
	1	2	3	4	5
对装置内人员(工作人员)的健康影响	可记录工伤	工伤致缺勤	多人受伤或重伤	对健康产生永久性影响	死亡
对装置外人员(公共人员)的健康影响	有气味;暴露量低于限值	暴露量高于限值	受伤	住院或多处受伤	重伤或永久性影响
环境影响	需报告泄漏量	局部和短期影响	中期影响	广泛或长期影响	广泛和长期影响
声誉影响	装置区域	生产管理部门;安全监管部门	公司;社区	地方和省	省和国家

表 8.12　图 8.3 风险矩阵示例中的频率分类

等级 10^x 次/年	等效事故发生概率/运营年	经验对比
0	一年一次	无法预测发生时间,但在大多数员工的经验范围内
−1	1/10(10%的概率)	超出一些员工的经验范围;在流程内曾经发生过
−2	1/100(1%的概率)	超出几乎所有员工的经验范围;但工厂范围内曾经发生过
−3	1/1000	装置未发生过;但公司曾经发生过
−4	1/10000	公司未发生过;但在同行业发生过
−5	1/100000	可能超出整个行业的认知范围,除常见类型的设施和操作外

　　根据图 8.3 的结构，如果影响程度为 4 或 5（永久性健康影响或导致死亡），场景发生的概率或频率为 −5（10^{-5} 次/年），即场景位于图 8.3 的中间区域范围内。这意味着需进一步分析这些影响，以确定是否可进一步降低风险。是否可以或者需要进行进一步的风险削减可用 ALARP 来确定。图 8.3 中的场景风险量级数字无内在含义，这些数字仅作为简单标记使用，旨在将风险程度简化为频率和后果的函数。

　　为简单起见，将图 8.3 底部的频率等级 −5（10^{-5} 次/年）视为该场景所允许的最大可容忍频率，将−6（10^{-6} 次/年）视为示例问题的可接受频率。

> **注意**：选择图 8.3 的风险矩阵的目的是说明基于风险的 DHA 分析方法所使用的逻辑和技术。该矩阵不建议作为过程工业特定风险标准。图 8.3 出自《危险评估程序指南》（Guidelines for Hazard Evaluation Procedures）（第 3 版）（CCPS 2008）。
>
> 许多组织使用半定量或定量风险矩阵。更多关于风险矩阵的示例，参见《保护层分析：简化的过程风险评估》（Layer of Protection Analysis：Simplified Process Risk Assessment）（CCPS 2001）、《危险评估程序指南》（Guidelines for Hazard Evaluation Procedures）（第 3 版）（CCPS 2008）和《定量安全风险标准编制指南》（Guidelines for Developing Quantitative Safety Risk Criteria）（CCPS 2009）。公司制定风险标准时须结合公司所特有的各种考虑因素（如社会、法律、商业或监管情况），并且符合《定量安全风险标准编制指南》（Guidelines for Developing Quantitative Safety Risk Criteria）（CCPS 2009）要求。

② **基于风险的分析程序**。基于风险的 DHA 分析的前几步与传统的粉尘危害分析相同：第 1 步——确定是否涉及可燃性粉尘；第 2 步——确定适用的标准（无论评估是否基于风险，标准都有许多须执行的条款）；第 3 步——确定存在火灾/爆炸危险的位置。随后，应用以下基于风险的流程：

① 辨识失效场景；

② 后果分析；

③ 确定后果是否可接受；

④ 估计可能性和风险；

⑤ 确定初始风险是否可接受；

⑥ 提出建议和评估解决方案；

⑦ 确定削减后的风险是否可接受；

⑧ 记录结果。

基于风险分析的第 1 步和第 2 步可参阅每个节点的传统 DHA 分析表。表 8.13 用于演示第 3 步"确定后果是否可接受"（见节点 1）。为简单起见，本书中示例仅考虑装置内人员（工作人员）死亡的后果。

在示例所示问题中，基于保护层分析的粉尘危害分析（基于 LOPA 的 DHA）将用于执行第 4～8 步（见表 8.13）。因为 LOPA 是一项广泛应用的技术，故选择基于 LOPA 的 DHA 作为风险分析工具。此外，如表 6.5 所示，还可通过对风险矩阵中的频率、后果和削减后的后果进行评估来完成基于风险的分析。

由于缺乏初始事件频率的可靠数据，第 4 步"估计可能性和风险"可能是基于风险的分析中最为困难的一步。第 6.2.4 节更详细地介绍了可能性的估计。在第 6.2.4 节，进展顺序大致如下：

- 历史信息和事件/未遂事故数据
- 通用失效数据
- 点火概率

就可燃性粉尘火灾和爆炸而言，初始频率通常是结合粉尘云出现概率和粉尘云点火概率而得。在某些场景，粉尘云几乎随时存在，比如在除尘器等设备内。而在另一些场景，粉尘云因设备故障形成。附录 C‐基于风险的 DHA 分析数据中的表格可用于帮助确定初始事件频率和点火概率。

使用保护层分析进行第 5～7 步风险评估和降低时，相关可接受标准如图 8.3 中风险矩阵所示。

第 9 步是通过 LOPA 分析形式和技术澄清文件相结合，把以上记录结果形成文件。

③ **基于 LOPA 的 DHA 分析**。保护层分析（LOPA）是一种广泛应用的半定量风险分析方式。LOPA 通常使用数量级分类来分析和评估一种或多种场景的风险，包括初始事件频率、后果严重度、使能条件发生的概率、条件修正因子和独立保护层（IPL）失效概率。

- 独立保护层。独立保护层（IPL）是一种安全保护措施，其独立于引发事故序列的事件和 LOPA 分析中为事故序列识别的任何其他 IPL。

- 使能条件。导致事故发生的必须存在的条件，例如，循环模式或进料步骤等操作阶段。

- 条件修正因子。场景风险计算中包含的一个或多个概率，通常是影响场景最终后果（如死亡事故）发生的条件，而不是初始事件（如泄漏、管道破裂）发生的概率，示例的 LOPA 表纳入了 DHA 分析中可能出现的条件修正因子示例：

　　○ 可燃性粉尘云形成的概率
　　○ 点火概率
　　○ 暴露概率，即人员是否处于火灾或爆炸影响区的概率
　　○ 火灾或爆炸致伤或致死的概率（本书中所有示例均假设此概率为 100%）

以下 CCPS 出版的书籍，为进行基于 LOPA 的 DHA 分析和确定保护系统的可靠性提供了参考：

- LOPA Layer of Protection Analysis（CCPS 2001）
- Guidelines for Enabling Conditions and Conditional Modifiers in Layer of Protection Analysis（CCPS 2014）
- Guidelines for Initiating Events and Independent Protection Layers（CCPS 2015）
- Guidelines for Safe and Reliable Instrumented Protective Systems（CCPS 2007）
- Guidelines for Safe Automation of Chemical Processes，2nd Ed.（CCPS 2016）

注意：以下危险分析仅用于说明目的（见表 8.13～表 8.37）。读者不得假设该分析为完整的或完善的基于 LOPA 的 DHA 分析。

请勿假设所有危险均被识别。

请勿假设推荐的保护措施和建议适用于您的系统。

个人或 DHA 团队可能对初始事件或保护层所假设的频率和概率持有不同意见。

个人或 DHA 团队可能对 IPL 的评估持有不同意见。

节点 1：散装袋卸料站

表 8.13　节点 1A：基于风险的 DHA 分析——散装袋卸料站

节点	1A	
设备	散装袋卸料站	
失效场景	散装袋支撑/连接系统失效产生粉尘云,由静电引燃	
后果	闪火导致人员受伤或死亡[1]	5
后果频率标准	最大	−5
	可忽略不计	−6
初始事件	连接系统失效导致粉尘云形成[2]	−1
独立保护层		
	目前无	
条件修正因子		
暴露概率	卸料时人员一直在现场	0

续表

可燃性环境形成的概率	初始事件生成了可燃性粉尘云	0
点火概率	粉尘最小点火能为 50～100mJ 时,点火概率为 0.1[③]	−1
致伤概率	闪火致伤概率:100%	0
预测的场景频率		−2
建议	描述/影响	
1A1）使用 B 类散装袋	使用 B 类散装袋(NFPA 654-9.3.4.3)可将场景发生的频率减少一个数量级[④]	−1
1A2）机械完整性计划	建立机械完整性计划,以检查将散装袋支架情况、操作员连接支撑装置的培训实施情况(NFPA 654 第 11 节和第 12 节)。可将场景发生的频率减小一个数量级	−1
1A4）个人防护设备	用于保护场所人员免受闪火伤害的 FRPPE 设备(包括呼吸防护装置),可将场景发生的频率减小一个数量级[⑤]	−1
减缓后的频率(包括执行建议)		−6
其他备注	评估可防止连接系统失效造成局部可燃性粉尘云形成的备选设计	

① 后果。对于这个场景,DHA 团队需要评估散装袋连接故障可能造成的粉尘云的大小,以及发生这种故障后房间发生爆炸的可能性。如果有可能发生爆炸,那么后果必须包含爆炸和闪火。就该示例而言,DHA 团队进行了评估,认为粉尘云较小,不足以导致房间内爆炸。因此,闪火是唯一可能的后果。

② 初始事件。DHA 团队需评估初始事件频率。这可以基于工厂经验或通用失效数据进行,如表 C.3 所示。对于此失效事件,团队应考虑每年处理的散装袋数量,同时结合一些关于失效概率的假设。在此示例中,假设散装袋一周连接 2～3 次或每年连接 100～150 次:

• 如果散装袋连接过程中的人为错误可能导致支撑/连接系统失效,那么对于这种处理频率,表 C.3 显示初始事件发生频率为每年一次。

• 如果支撑系统因机械故障失效,那么 DHA 团队须通过工程经验来评估失效概率。例如,如果团队评估认为支撑/连接系统失效概率较低 (如 1/1000),那么失效概率等同于 100 袋/年×1 次/1000 袋=0.1 (1/10) 次/年。

假设基于其他装置的历史经验,DHA 团队认为每年 1/10 的频率合理。

③ 点火概率。点火概率应由预先制定的公司指南确定。就这些示例而言,DHA 团队决定采用 Howat 等人 (2006) 推荐的静电的点火概率 (POI),如表 C.5 所示。

在表 8.1 中,原料的 MIE 为 50～100mJ,相对应的点火概率为 0.1。因此,DHA 团队决定使用 0.1 (−1) 这一点火概率。

本示例预测场景频率计算方式如下:初始事件频率×点火概率,即 0.1 次/年×0.1=0.01 次/年。这等于−2 (超出几乎所有员工的经验范围,但工厂范围内曾经发生过,如表 8.12 所示)。

④ 建议。使用 B 类散装袋是一种独立于接地和等电位连接的保护措施 (或保护层)。

⑤ 建议。使用阻燃服 (FRC) 仅可作为针对闪火后果的保护措施。如果团队认为潜在后果为爆炸 (如前文注①所述),那么 FRC 不可作为一个有效的保护层。

表 8.14　节点 1B：基于风险的 DHA 分析——散装袋卸料站

节点	1B		
设备	散装袋卸料站		
失效场景	料斗内爆炸引起卸料区扬尘,卸料区粉尘被点燃,引起二次爆炸		
后果	爆炸引起伤亡[①]		5
后果频率标准		最大	−5
		可忽略不计	−6
初始事件	料斗内爆炸频率=0.01 次/年(见节点 2A 进料料斗)[①]		−2
独立保护层			
清洁	制定了清洁和点火源控制程序的书面检查表。清扫后安排第二个人检查区域。区域内粉尘层出现频率为 0.1 次/年[②]		−1
条件修正因子			
暴露概率	卸料时人员一直在现场		0
可燃性环境形成的概率	初始事件生成了可燃性粉尘云		0
点火概率	初始爆炸提供了强点火源		0
致伤概率	爆炸致伤概率=100%		0
预测的场景频率			−3
建议	描述/影响		
1B1)扬尘收集器	在充电站附近安装扬尘收集器(NFPA 654-8.1.1)(如果现有的扬尘收集器可处理增加的负荷,则可以通过连接现有的扬尘收集器进行清扫)[③]		−1
1B2)保持等电位连接、接地和电气设备完整性	确保计划有效实施,以维护装置接地和连接状态(NFPA 654-12.1.2),将场景发生的频率减小一个数量级[④]		−1
减缓后的频率(包括执行建议)			−5
其他备注			

①　初始事件。料斗内爆炸产生的火焰前锋是一种强点火源,因此,场景发生的概率基于料斗内爆炸的概率。根据节点 2A,这一概率为 0.01 次/年 (−2)。

②　独立保护层。为了确定料斗爆炸时出现粉尘层的频率,团队需检查清洁程序的完整性。团队可能需询问的问题包括：是否具有书面的清洁说明和计划表？是否具有检查表？清洁后是否有其他人对区域进行检查？如果设施为已建设施,团队应巡视该区域,寻找该区域所有水平表面上是否存在粉尘层。

就本示例而言,假设 DHA 团队发现该操作区无粉尘层,而且清洁程序已有效执行。根据表 C.4,团队得出结论,粉尘层出现的频率为 0.1 次/年。

③　建议。在散装袋/料斗连接处设置一个粉尘收集点,将粉尘从最有可能释放的区域清除,减小粉尘层形成的概率。如果容量足够,可以通过与现有扬尘收集器 (FDC) 相连来实现。DHA 团队假设这可将频率减少一个数量级。

④　建议。初步符合有关接地和等电位连接以及电气区域分类的适当规范标准是一项基本假设 (参见独立保护层)。如果 DHA 团队认为装置或设施不符合这些标准,则应先使其合规。

相应建议是在维修、变更或拆卸装置部件后,检查接地电阻以保持等电位连接和接地的完整性。见第 3.1.1 节 (点火源控制) 和第 7.2 节 (已建设施和可燃性粉尘)。

节点 2：进料料斗

表 8.15　节点 2A：基于风险的 DHA 分析——进料料斗

节点	2A		
设备	进料料斗		
失效场景	进料期间静电积累引燃料斗		
后果	容器爆炸,可能造成伤亡		
后果频率标准		最大	−5
		可忽略不计	−6
初始事件	进料期间静电点火,频率 0.1 次/年[①]		−1
独立保护层			
等电位连接和接地	装置等电位连接和接地(NFPA 654-9.3.2)(料斗由导电材料制成,壁上无涂层)		−1
条件修正因子			
暴露概率	卸料时人员一直在现场		0
可燃性环境形成的概率	进料时存在可燃性粉尘环境		0
点火概率	见初始事件		0
致伤概率	爆炸致伤概率=100%		0
预测的场景频率			−2
建议	描述/影响		
2A1)保持等电位连接和接地的完整性	确保实施有效程序,以维护等电位连接和接地的完整性(NFPA 654-12.1.2),将场景发生的频率减小一个数量级[②]		−1
2A2)防爆	按照 NFPA 654-7.1.4 要求提供防爆保护,如泄爆装置		−2
减缓后的频率(包括执行建议)			−5
其他备注	根据要求,应安装泄爆装置或阻火器/粉尘捕集装置,但如果装置位于建筑物内部导致此操作无法实现,那么防爆保护应为抑爆系统或惰化系统(见 NFPA 69)。通常假设使用这些方法可使风险降低 0.1(见表 C.8)。如果安装泄爆装置不可选,则需分析惰化系统或抑爆系统以确定是否可降低失效概率[③]		

① 初始事件。在此情况下,初始事件为进料时引燃,也是可燃性粉尘云唯一存在的时间。因此,DHA 团队将使用点火频率并将其乘以可燃性粉尘环境存在的概率。团队需检查:

表 C.6(点火灵敏度指南),50~100mJ 为"正常点火灵敏度"范围。

表 C.7(易点燃标准),50~100mJ 为"较难"范围。

通过数量级评估,团队认为正常点火灵敏度为 0.1 次/年,较难点燃概率为 0.01 次/年。因此,团队使用 0.1 次/年来估算风险。

② 建议。初步符合有关接地和等电位连接以及电气区域分类的适当规范标准是一项基本假设(参见独立保护层)。如果 DHA 团队认为装置或设施不符合这些标准,则应先使其合规。

相应建议是在维修、变更或拆卸装置部件后,检查接地电阻以保持等电位连接和接地的完整性。

见第 3.1.1 节（点火源控制）和第 7.2 节（已建设施和可燃性粉尘）。

③ 建议。泄爆装置通常可将风险降低两个数量级（0.01 或 −2）［见表 C.8（有保护层要求时失效概率）］。

根据 NFPA 654 和 68，应安装泄爆装置或阻火器/粉尘捕集装置。但如果料斗位于建筑物内部导致此操作难以执行，那么根据 NFPA 69，防爆保护应为抑爆系统或惰化系统。通常假设使用这些方法所实现的风险降低率为一个数量级（0.1）（见表 C.8）。可以通过设计此类系统以降低失效概率，因此应竭力实现 −6 的场景发生频率。

表 8.16　节点 2B：基于风险的 DHA 分析——进料料斗

节点	2B		
设备	进料料斗		
失效场景	锤式粉碎机爆炸引起爆燃蔓延		
后果	爆炸引起伤亡		5
后果频率标准		最大	−5
		可忽略不计	−6
初始事件	分解引燃锤式粉碎机。锤式粉碎机内粉末易被点燃,锤式粉碎机点火频率通常假设为 1 次/年[①]		0
独立保护层			
等电位连接和接地	按照 NFPA 654-9.3.2 对锤式粉碎机、料斗和连接管进行接地与等电位连接		−1
条件修正因子			
暴露概率	假设暴露概率为 10%[②]		−1
可燃性环境形成的概率	锤式粉碎机内可燃性环境形成的概率较高（表 C.1）		0
点火概率	初始爆炸提供了强点火源		0
致伤概率	爆炸致伤概率＝100%		0
预测的场景频率			−2
建议	描述/影响		
2B1）隔爆	确保旋转阀符合 NFPA 69-12.2.3 要求（进料料斗和锤式粉碎机之间的旋转阀用作隔爆装置符合 NFPA 654-7.1.6.1 要求）		−1
2B2）保持等电位连接和接地的完整性	确保计划有效实施,以保持锤式粉碎机的接地和等电位连接状态,进而防止静态放电所致点火（NFPA 654-12.1.2）		−1
2B3）高温安全仪表功能（SIF）	在锤式粉碎机上安装高温自动停止装置,以防止磨粉分解引起着火（见备注）		−2
减缓后的频率（包括执行建议）			−6
其他备注	高温 SIF 应为 SIL2,以符合频率标准（见 CCPS 2007）		

① 初始事件。接地材料的 MIE 为 3～10mJ，起始温度为 150℃。表 C.6（点火灵敏度指南）和表 C.7（易点燃标准）均表明粉末对点火较为敏感，易被点燃。因此，DHA 团队假设点火频率为 1 次/年。

② 暴露概率。操作员仅作业期间在操作区。DHA 团队假设操作员每一班次暴露于危险中的时间为 0.5～1h，因此可假设暴露概率为 10%（−1）。

节点 3：锤式粉碎机和到旋风除尘器的管道

表 8.17 节点 3A：基于风险的 DHA 分析——锤式粉碎机和到旋风除尘器的管道

节点	3A	
设备	锤式粉碎机和到旋风除尘器的管道	
失效场景	A)磨粉因静电被引燃	
后果	锤式粉碎机破裂,导致重伤或死亡	5
后果频率标准	最大	−5
	可忽略不计	−6
初始事件	静电点火。最小点火能 3~10mJ,锤式粉碎机内粉末易被引燃。根据表 C.6 和表 C.7,点火频率为 1 次/年[①]	0
独立保护层		
等电位连接和接地	按照 NFPA 654-9.3.2 对锤式粉碎机进行等电位连接和接地操作	−1
条件修正因子		
暴露概率	假设暴露概率为 10%[②]	−1
可燃性环境形成的概率	锤式粉碎机内可燃性环境形成的概率较高(表 C.1)	0
点火概率	见初始事件	0
致伤概率	爆炸致伤概率＝100%	0
预测的场景频率		−2
建议	描述/影响	
3A1)保持等电位连接和接地的完整性	确保计划有效实施,以保持锤式粉碎机的接地和等电位连接状态,进而防止静态放电所致点火(NFPA 654-12.1.2)	−1
3A2)防爆	安装防爆装置(抑爆系统、惰化系统或抗爆系统)以防止锤式粉碎机破裂(NFPA 654-7.1.4 和 NFPA 68 或 NFPA 69,如适用)[见备注(1)][③]	−2
3A3)区域限制	进料料斗运行时,限制人员进入其周围区域[见备注(2)]	−1
减缓后的频率(包括执行建议)		−6
其他备注	(1)评估抑爆系统或惰化系统的可靠性,以确定将频率降低两个数量级(−2)是否具有可行性。 (2)通过改进区域限制方法,研究通过区域限制实现风险降低两个数量级的方法,以满足此场景最低合理可行标准的要求(例如,当锤式粉碎机运行时,其区域入口处警告灯是否自动打开)	

① 初始事件。可燃性环境形成的概率较高（见表 C.1），因此,团队假设此概率为 1.0。接地材料的 MIE 为 3~10mJ,起始温度为 150℃。表 C.6 和表 C.7 均表明粉末对点火较为敏感,易被点燃。因此,DHA 团队假设点火概率为 1 次/年。

② 暴露概率。操作员仅作业期间在操作区。DHA 团队假设操作员每一班次暴露于危险中的时间为 0.5~1h,因此可假设暴露概率为 10%（−1）。

③ 建议。根据 NFPA 654-7.1.4 和 7.6 以及 NFPA 69-10 和 11,在锤式粉碎机上安装化学抑爆/隔爆系统既可抑制锤式粉碎机爆炸,亦可防止爆炸通过进料线往回蔓延。根据表 C.8,通常假设使用这些方法所实现的标准风险降低为一个数量级（0.1）。如有必要,其中许多系统均可设计以降低失效概率。

表 8.18　节点 3B：基于风险的 DHA 分析——锤式粉碎机和到旋风除尘器的管道

节点	3B	
设备	锤式粉碎机和到旋风除尘器的管道	
失效场景	热分解引燃磨粉	
后果	锤式粉碎机破裂,导致重伤或死亡。	5
后果频率标准	最大	−5
	可忽略不计	−6
初始事件	热点火。热起始温度为 150℃。锤式粉碎机点火频率为 0.1 次/年①	−1
独立保护层		
条件修正因子		
暴露概率	假设暴露概率为 10%②	−1
可燃性环境形成的概率	锤式粉碎机内可燃性环境形成的概率较高(表 C.1)	0
点火概率	见初始事件	0
致伤概率	爆炸致伤概率＝100%	0
预测的场景频率		−2
建议	描述/影响	
3B1)高温联锁	在锤式粉碎机上安装高温自动停止装置,以防止磨粉分解引起着火[见备注(1)]	−1
3B2)防爆	安装防爆装置(抑爆系统、惰化系统或抗爆系统)以防止锤式粉碎机破裂(NFPA 654-7.1.4 和 NFPA 68 或 NFPA 69,如适用)[见备注(2)]③	−2
3B3)区域限制	进料料斗运行时,限制人员进入其周围区域[见备注(3)]	−1
减缓后的频率(包括执行建议)		−6
其他备注	(1)应对高温联锁设计进行评估,以确定 0.01 的失效概率是否具有可行性。 (2)应对防爆性能进行评估,以确定是否可将风险降低 2 个数量级。如果使用惰化系统或抑爆系统,则该系统需将风险降低 2 个数量级。 (3)通过改进区域限制方法,研究可将风险降低两个数量级的方法,以满足此场景最低合理可行标准(例如,当锤式粉碎机运行时,其区域入口处警告灯是否自动打开)	

　　① 初始事件。可燃性环境形成的概率较高（见表 C.1），因此，团队假设此概率为 1.0。热起始温度为 150℃。在表 C.6 中，易点燃度为"中度"。因此，DHA 团队假设点火概率为 0.1 次/年（见表 C.5）。

　　② 暴露概率。操作员仅作业期间在操作区。DHA 团队假设操作员每一班次暴露于危险中的时间为 0.5～1h，因此可假设暴露概率为 10%（−1）。

　　③ 建议。根据 NFPA 654-7.1.4 和 7.6 以及 NFPA 69-10 和 11，在锤式粉碎机上安装化学抑爆/隔爆系统既可抑制锤式粉碎机爆炸，亦可防止爆炸通过进料线往回蔓延。根据表 C.8，通常假设使用这些方法所实现的标准风险降低率为一个数量级（0.1）。如有必要，其中许多系统均可设计以降低失效概率。

表 8.19　节点 3C：基于风险的 DHA 分析——锤式粉碎机和到旋风除尘器的管道

节点	3C	
设备	锤式粉碎机和到旋风除尘器的管道	
失效场景	机械源造成点火（机械故障，如锤式粉碎机损耗）	
后果	锤式粉碎机破裂，导致重伤或死亡	5
后果频率标准	最大	−5
	可忽略不计	−6
初始事件	机械点火。机械故障频率为 0.1 次/年[①]	−1
独立保护层		
条件修正因子		
暴露概率	假设暴露概率为 10%[②]	−1
可燃性环境形成的概率	锤式粉碎机内可燃性环境形成的概率较高（表 C.1）	0
点火概率	见初始事件	0
致伤概率	爆炸致伤概率＝100%	0
预测的场景频率		−2
建议	描述/影响	
3C1）防爆	安装防爆装置（抑爆系统、惰化系统或抗爆系统）以防止锤式粉碎机破裂（NFPA 654-7.1.4 和 NFPA 68 或 NFPA 69，如适用）[见备注(1)][③]	−2
3C2）振动监测	实施振动监测及锤式粉碎机自动停机	−1
3C3）区域限制	进料料斗运行时，限制人员进入其周围区域[见备注(2)]	−1
减缓后的频率（包括执行建议）		−6
其他备注	(1)需对建议 3C1 项下防护系统进行评估，以确保风险降低 2 个数量级（0.01）具有可行性。如果使用惰化系统或抑爆系统，则该系统的失效概率应为 0.01。 (2)评估"区域限制"选项，以确定风险降低 2 个数量级是否具有可行性	

① 初始事件。DHA 团队假设机械故障频率为 0.1 次/年，这与表 C.3 中的其他设备故障率一致。团队还假设机械故障是一个强点火源，假定其点火率为 1.0。

② 暴露概率。操作员仅作业期间在操作区。DHA 团队假设操作员每一班次暴露于危险中的时间为 0.5~1h，因此可假设暴露概率为 10%（−1）。

③ 建议。建议 3C1 项风险降低系数为 2 个数量级，因为满足最低合理可行标准需要该级别的可靠性。根据 NFPA 654-7.1.4 和 7.6 以及 NFPA 69-10 和 11，在锤式粉碎机上安装化学灭火/隔爆系统既可抑制锤式粉碎机爆炸，亦可防止爆炸通过进料线往回蔓延。根据表 C.8，通常假设使用这些方法所实现的标准风险降低率为一个数量级（0.1）。如有必要，其中许多系统均可设计以降低失效概率。

节点 4：旋风除尘器

表 8.20   节点 4A：基于风险的 DHA 分析——旋风除尘器

节点	4A	
设备	旋风除尘器	
失效场景	静电引燃旋风除尘器	
后果	旋风除尘器破裂，导致人员重伤或死亡	5
后果频率标准	最大	−5
	可忽略不计	−6
初始事件	静电点火。点火概率为 1 次/年[①]	0
独立保护层		
等电位连接和接地	按照 NFPA 654-9.3.2 要求对旋风除尘器进行等电位连接和接地操作	−1
条件修正因子		
暴露概率	假设暴露概率为 10%[②]	−1
可燃性环境形成的概率	旋风除尘器内可燃性环境形成的概率较低。假设该概率为 0.01 次/年[③]	−2
点火概率	见初始事件	0
致伤概率	爆炸致伤概率＝100%	0
预测的场景频率		−2
建议	描述/影响	
4A1)保持等电位连接和接地的完整性	确保计划有效实施，以保持旋风除尘器的接地和等电位连接状态，进而防止静电放电所致点火(NFPA 654-12.1.2)	−1
4A2)防爆	在旋风除尘器上安装泄爆方式的防爆保护设备(NFPA 654-7.1.4 和 NFPA 68)	−2
4A3)区域限制	旋风除尘器位于屋顶外；在旋风除尘器运行时限制人员进入屋顶	−1
减缓后的频率(包括执行建议)		−6
其他备注		

① 点火概率。根据表 C.5，接地材料的 MIE 为 3~10mJ，相对应的点火概率为 1.0（＝0）。

② 暴露概率。操作员仅作业期间在操作区。DHA 团队假设操作员每一班次暴露于危险中的时间为 0.5~1h，因此可假设暴露概率为 10%（−1）。

③ 可燃性环境形成的概率。表 C.1 显示，旋风除尘器内可燃性环境形成的概率较低。DHA 团队假设这可解读为频率 0.01 次/年。

表 8.21　节点 4B：基于风险的 DHA 分析——旋风除尘器

节点	4B	
设备	旋风除尘器	
失效场景	沉积物热分解引燃旋风除尘器	
后果	旋风除尘器破裂,导致人员重伤或死亡	5
后果频率标准	最大	-5
	可忽略不计	-6
初始事件	过往操作未观察到沉积物导致可燃性粉尘环境形成(超出几乎所有员工的经验范围,但工厂范围内曾经发生过),频率0.01次/年(-2)[①]	-2
独立保护层		
		0
条件修正因子		
暴露概率	假设暴露概率为10%[②]	-1
可燃性环境形成的概率	旋风除尘器内可燃性环境形成的概率较低,假设为0.01次/年[③]	-2
点火概率	假设粉尘沉积物热分解为强点火源,概率为1.0(0)[④]	0
致伤概率	爆炸致伤概率=100%	0
预测的场景频率		-5
建议	描述/影响	
4B1)防爆	在旋风除尘器上安装泄爆方式的防爆保护设备(NFPA 654-7.1.4 和 NFPA 68)(见备注)	-2
4B2)区域限制	旋风除尘器位于屋顶外;在旋风除尘器运行时限制人员进入屋顶(见备注)	-1
减缓后的频率(包括执行建议)		-8
其他备注	为满足风险标准,仅需采纳这些建议中的一个。但是,对于其他节点已提出这些建议,因此,出于完整性考虑,在此纳入所有建议	

① 初始事件。根据操作经验,团队认为此粉末不会在旋风除尘器内形成沉积物。

② 暴露概率。操作员仅作业期间在操作区。DHA 团队假设操作员每一班次暴露于危险中的时间为 0.5~1h,因此可假设暴露概率为10%(-1)。

③ 可燃性环境形成的概率。表 C.1 显示,旋风除尘器内可燃性环境形成的概率较低。因此,团队假设该初始事件出现频率为0.01次/年(-2)(超出几乎所有员工的经验范围,但工厂范围内曾经发生过,见表 8.12)。

④ 点火概率。假设粉末热分解提供了强点火源,故 DHA 团队假设点火概率为1.0(0)。

表 8.22　节点 4C：基于风险的 DHA 分析——旋风除尘器

节点	4C	
设备	旋风除尘器	
失效场景	阴燃物料从锤式粉碎机进入,引燃旋风除尘器(见节点 3——锤式粉碎机)	
后果	旋风除尘器破裂,导致人员重伤或死亡	5
后果频率标准	最大	−5
	可忽略不计	−6
初始事件	阴燃物料从锤式粉碎机进入[①]	−1
独立保护层		
		0
条件修正因子		
暴露概率	假设暴露概率为 10%[②]	−1
可燃性环境形成的概率	旋风除尘器内可燃性环境形成的概率较低。假设概率为 0.01[③]	−2
点火概率	假设阴燃物料为强点火源,点火概率为 1.0[④]	0
致伤概率	爆炸致伤概率＝100%	0
预测的场景频率		−4
建议	描述/影响	
4C1)防爆	在旋风除尘器上安装泄爆方式的防爆保护设备(NFPA 654-7.1.4 和 NFPA 68)(见备注)	−2
4C2)区域限制	旋风除尘器位于屋顶外;在旋风除尘器运行时限制人员进入屋顶(见备注)	−1
减缓后的频率(包括执行建议)		−7
其他备注	为满足风险标准,仅需采纳这些建议中的一个。但是,对于其他节点,已提出这些建议,因此,出于完整性考虑,在此纳入所有建议	

① 初始事件。在节点 4B,热分解可产生阴燃物料,其概率为 0.1 次/年（−1）。该事件被用作场景 4C 的初始事件。

② 暴露概率。操作员仅作业期间在操作区。DHA 团队假设操作员每一班次暴露于危险中的时间为 0.5~1h,因此可假设暴露概率为 10%（−1）。

③ 可燃性环境形成的概率。表 C.1 显示,旋风除尘器内可燃性环境形成的概率较低。因此,团队假设该初始事件出现频率为 0.01 次/年（−2）（超出几乎所有员工的经验范围,但工厂范围内曾经发生过,见表 8.12）。

④ 点火概率。DHA 团队认为阴燃余烬是一种强点火源,假设其点火概率为 1.0。

表 8.23 节点 4D：基于风险的 DHA 分析——旋风除尘器

节点	4D	
设备	旋风除尘器	
失效场景	爆炸从锤式粉碎机蔓延	
后果	旋风除尘器破裂，导致人员重伤或死亡	5
后果频率标准	最大	−5
	可忽略不计	−6
初始事件	锤式粉碎机爆炸[①]	−1
独立保护层		
		0
条件修正因子		
暴露概率	假设暴露概率为 10%[②]	−1
可燃性环境形成的概率	爆炸产生的压力波压力不需要旋风除尘器内存在可燃性粉尘环境即可超压[③]	0
点火概率	爆炸蔓延是强点火源，点火概率为 1.0[④]	0
致伤概率	爆炸致伤概率＝100%	0
预测的场景频率		−2
建议	描述/影响	
4D1)防爆	建议 4A1、4B1 和 4C2 将锤式粉碎机内爆炸的频率减小一个数量级（−1）[⑤]	−1
4D2)隔爆	在锤式粉碎机和旋风除尘器之间安装隔爆装置（NFPA 654-7.1.6)［见备注(1)］	−1
4D3)区域限制	旋风除尘器位于屋顶外；在旋风除尘器运行时限制人员进入屋顶［见备注(2)］	−1
减缓后的频率（包括执行建议）		−5
其他备注	(1)在连接旋风除尘器出口管与集尘器出口管前，需安装两个单独的隔爆装置，以防止爆炸通过出口管蔓延。 (2)以两个数量级为标准改进隔爆方法或将区域限制，研究可将风险降低两个数量级的方法[⑥]	

[①] 初始事件。节点 3——锤式粉碎机的审查结果显示，在现有安全防护措施下，场景发生的概率为 0.1 次/年（−1）。

[②] 暴露概率。操作员仅作业期间在操作区。DHA 团队假设操作员每一班次暴露于危险中的时间为 0.5~1h，因此可假设暴露概率为 10%（−1）。

[③]和[④] 可燃性环境形成的概率和点火概率。蔓延的爆炸具有火焰前峰和压力波前峰。在旋风除尘器内不存在可燃性粉尘环境的情况下，压力峰可使其破裂。因此，假设概率为 1.0（0）。

[⑤] 建议。在节点 4A、4B 和 4C 中，建议 4A1、4B1 和 4C2 将各场景发生频率降低一个数量级（−1）。

[⑥] 备注。如果隔爆系统（4D2）或屋顶区域限制（4D3）的故障概率可降至−2，则减轻的场景频率可降至可以忽略的水平。

节点5：集尘器

表8.24　节点5A：基于风险的DHA分析——集尘器

节点	5A		
设备	集尘器		
失效场景	静电积聚点火，引起爆炸		
后果	集尘器破裂，导致伤亡		5
后果频率标准		最大	−5
		可忽略不计	−6
初始事件	集尘器静电点火①		0
独立保护层			
等电位连接和接地	按照NFPA 654-9.3.2要求对装置进行等电位连接和接地操作（集尘器由导电材料制成，壁无涂层）		−1
条件修正因子			
暴露概率	假设暴露概率为10%②		−1
可燃性环境形成的概率	可燃性环境形成的概率较高，假设为1.0(0)③		0
点火概率	见初始事件		0
致伤概率	爆炸致伤概率=100%		0
预测的场景频率			−2
建议	描述/影响		
5A1)保持等电位连接和接地的完整性	确保计划有效实施，以保持接地和等电位连接的完整性（NFPA 654-12.1.2）		−1
5A2)防爆	使用泄爆装置进行防爆。确保泄爆口指向安全场所（NFPA 654-7.1.4和NFPA 68）		−2
5A3)区域限制	集尘器位于屋顶之外；在集尘器运行时限制人员进入屋顶		−1
减缓后的频率(包括执行建议)			−6
其他备注			

① 初始事件。接地材料的MIE为3～10mJ，起始温度为150℃。在此情况下，由于可燃性粉尘环境始终存在，初始事件为点火本身（见③）。因此，DHA团队将使用点火频率乘以可燃性粉尘环境存在的概率。团队需检查：

表C.6——点火灵敏度指南中，3～10mJ为"较高点火灵敏度"范围。

表C.7——易点燃标准中，3～10mJ在"较易～中度"范围。

通过数量级评估，团队确定将"较高点火灵敏度"和"较易点燃"解释为平均概率1次/年。

② 暴露概率。操作员仅作业期间在操作区。DHA团队假设操作员每一班次暴露于危险中的时间为0.5～1h，因此可假设暴露概率为10%（−1）。

③ 可燃性环境形成的概率。表C.1显示，集尘器内可燃性环境形成的概率较高。团队假设集尘器内始终存在可燃性粉尘环境。

表 8.25　节点 5B：基于风险的 DHA 分析——集尘器

节点	5B	
设备	集尘器	
失效场景	集尘器出口滤袋损坏穿透，风机可作为点火源	
后果	集尘器破裂，导致伤亡	5
后果频率标准	最大	−5
	可忽略不计	−6
初始事件	滤袋损坏穿透[①]	−1
独立保护层		
		0
条件修正因子		
暴露概率	假设暴露概率为 10%[②]	−1
可燃性环境形成的概率	可燃性环境形成的概率较高，假设为 1.0(0)[③]	0
点火概率	风机引燃，假设概率为 1.0(0)[④]	0
致伤概率	爆炸致伤概率＝100%	0
预测的场景频率		−2
建议	描述/影响	
5B1)破袋检测器	在风机入口安装过滤器或破袋检测器，风机配备停机装置（NFPA 654-7.12.2）	−1
5B2)防爆	使用泄爆装置进行防爆。确保泄爆口指向安全场所（NFPA 654-7.1.4 和 NFPA 68）	−2
5B3)区域限制	集尘器位于屋顶之外；在集尘器运行时限制人员进入屋顶	−1
减缓后的频率（包括执行建议）		−6
其他备注		

① 初始事件。假设 DHA 团队基于操作经验选择的频率为 0.1 次/年（−1）。

② 暴露概率。操作员仅作业期间在操作区。DHA 团队假设操作员每一班次暴露于危险中的时间为 0.5～1h，因此可假设暴露概率为 10%（−1）。

③ 可燃性环境形成的概率。表 C.1 显示，集尘器内可燃性环境形成的概率较高。团队假设集尘器内始终存在可燃性粉尘环境。

④ 点火概率。在没有其他数据的情况下，DHA 团队假设点火概率为 1.0（0）。

表 8.26　节点 5C：基于风险的 DHA 分析——集尘器

节点	5C	
设备	集尘器	
失效场景	袋式除尘器内高料位导致滤袋损坏穿透,风机可作为点火源	
后果	集尘器破裂,导致人员伤亡	5
后果频率标准	最大	−5
	可忽略不计	−6
初始事件	根据表 C.3,液位控制回路失效概率＝0.1 次/年[①]	−1
独立保护层		
		0
条件修正因子		
暴露概率	假设暴露概率为 10%[②]	−1
可燃性环境形成的概率	可燃性环境形成的概率较高,假设为 1.0(0)[③]	0
点火概率	风机引燃,假设概率为 1.0(0)[④]	0
致伤概率	爆炸致伤概率＝100%	0
预测的场景频率		−2
建议	描述/影响	
5C1)高等级安全仪表功能回路	在袋式除尘器内安装独立的高料位报警或联锁装置以停风机(见备注)	−1
5C2)防爆	使用泄爆装置进行防爆。确保泄爆口指向安全场所(NFPA 654-7.1.4 和 NFPA 68)	−2
5C3)区域限制	集尘器位于屋顶之外;在集尘器运行时限制人员进入屋顶	−1
减缓后的频率(包括执行建议)		−6
其他备注	高料位 SIF 变送器需要与高液位控制回路变送器单独分开设置	

① 初始事件。根据表 C.3,控制回路失效概率为 0.1 次/年(−1)。

② 暴露概率。操作员仅作业期间在操作区。DHA 团队假设操作员每一班次暴露于危险中的时间为 0.5～1h,因此可假设暴露概率为 10%(−1)。

③ 可燃性环境形成的概率。表 C.1 显示,集尘器内可燃性环境形成的概率较高。团队假设集尘器内始终存在可燃性粉尘环境。

④ 点火概率。在没有其他数据的情况下,DHA 团队假设点火概率为 1.0 (0)。

表 8.27 节点 5D：基于风险的 DHA 分析——集尘器

节点	5D	
设备	集尘器	
失效场景	旋风除尘器热余烬引燃	
后果	集尘器破裂,导致人员伤亡	5
后果频率标准	最大	−5
	可忽略不计	−6
初始事件	旋风除尘器热余烬进入概率＝0.01 次/年[①]	−2
独立保护层		
		0
条件修正因子		
暴露概率	假设暴露概率为 10%[②]	−1
可燃性环境形成的概率	可燃性环境形成的概率较高,假设为 1.0(0)[③]	0
点火概率	假设热余烬为强点火源	0
致伤概率	爆炸致伤概率＝100%	0
预测的场景频率		−3
建议	描述/影响	
5D1)防爆	使用泄爆装置进行防爆。确保泄爆口指向安全场所(NFPA 654-7.1.4 和 NFPA 68)	−2
5D2)区域限制	集尘器位于屋顶之外;在集尘器运行时限制人员进入屋顶	−1
减缓后的频率(包括执行建议)		−6
其他备注		

① 初始事件。为简单起见，假设此粉末不会形成沉积物（见节点 4B 表注①）。决定须基于粉末的操作经验。因此，团队假设灰烬从旋风除尘器进入集尘器的概率为 0.01 次/年（−2）（超出几乎所有员工的经验范围，但工厂范围内曾经发生过），与节点 4B 沉积物形成的概率相同。

② 暴露概率。操作员仅作业期间在操作区。DHA 团队假设操作员每一班次暴露于危险中的时间为 0.5～1h，因此可假设暴露概率为 10%（−1）。

③ 可燃性环境形成的概率。表 C.1 显示，集尘器内可燃性环境形成的概率较高。团队假设集尘器内始终存在可燃性粉尘环境。

表 8.28　节点 5E：基于风险的 DHA 分析——集尘器

节点	5E	
设备	集尘器	
失效场景	上游旋风除尘器爆炸引起着火	
后果	集尘器破裂,导致人员伤亡	5
后果频率标准	最大	−5
	可忽略不计	−6
初始事件	爆炸从旋风除尘器蔓延的概率＝0.01 次/年[①]	−2
独立保护层		
		0
条件修正因子		
暴露概率	假设暴露概率为 10%[②]	−1
可燃性环境形成的概率	可燃性环境形成的概率较高,假设为 1.0(0)[③]	0
点火概率	强点火源	0
致伤概率	爆炸致伤概率＝100%	0
预测的场景频率		−3
建议	描述/影响	
5E1)隔爆	在旋风除尘器和集尘器之间安装隔爆装置(NFPA 654-7.1.6)	−2
5E2)区域限制	集尘器位于屋顶之外;在集尘器运行时限制人员进入屋顶	−1
减缓后的频率(包括执行建议)		−6
其他备注		

① 初始事件。节点 4——旋风除尘器的审查结果显示,旋风除尘器内爆炸未减缓和减缓后的概率如下:

案例	未减缓	减缓后[*]
4A	0.01	1×10^{-4}
4B	0.001	0.001
4C	0.01	0.01
4D	0.01	0.001
	0.031	0.012

*减缓的频率仅将防止爆炸的建议计算在内,未纳入减缓爆炸的建议(如泄爆)。

初始事件减缓的频率 0.01(−2)用作节点 5E 的基准。

② 暴露概率。操作员仅作业期间在操作区。DHA 团队假设操作员每一班次暴露于危险中的时间为 0.5~1h,因此可假设暴露概率为 10%(−1)。

③ 可燃性环境形成的概率。表 C.1 显示,集尘器内可燃性环境形成的概率较高。团队假设集尘器内始终存在可燃性粉尘环境。

节点 6：产品料斗

表 8.29　节点 6A：基于风险的 DHA 分析——产品料斗

节点	6A	
设备	产品料斗	
失效场景	静电积累引起着火	
后果	产品料斗破裂,可能造成人员重伤或死亡	5
后果频率标准	最大	−5
	可忽略不计	−6
初始事件	静电点火,概率 1 次/年[①]	0
独立保护层		
等电位连接和接地	料斗由导电材料制成,器壁无涂层。此外,按照 NFPA 654-9.3.2 要求对料斗进行等电位连接和接地操作	−1
条件修正因子		
暴露概率	假设暴露概率为 10%[②]	−1
可燃性环境形成的概率	可燃性环境形成的概率=1.0(0)[③]	0
点火概率	见初始事件	0
致伤概率	爆炸致伤概率=100%	0
预测的场景频率		−2
建议	描述/影响	
6A1)保持等电位连接和接地的完整性	确保计划有效实施,以保持接地和等电位连接的完整性(NFPA 654-12.1.2)	−1
6A2)防爆	提供防爆装置(NFPA 654-7.1.4)。根据 NFPA 68,如果料斗靠近外墙,需使用泄爆装置。否则考虑使用抑爆系统或惰化系统(见备注)	−2
6A3)区域限制	过程运行时,限制人员进入料斗区	−1
减缓后的频率(包括执行建议)		−6
其他备注	根据要求,应安装泄爆装置或阻火器/粉尘捕集装置,但如果因装置位于建筑物内部导致此操作不可行,那么根据 NFPA 69,防爆装置应为消防系统或惰化系统。假设这些方法失效的概率为 0.1(见表 C.8)。如果安装泄爆装置不可行,则分析惰化系统或抑爆系统以确定采用失效概率较低的系统是否可行	

①　初始事件。物料粉末的最小点火能为 3~10mJ。在此情况下,由于可燃性粉尘环境始终存在,初始事件为点火本身(见③)。因此,DHA 团队将使用点火频率,并将其乘以可燃性粉尘环境存在的概率。团队需检查：

表 C.6 中,3~10mJ 为"较高点火灵敏度"范围。

表 C.7 中,3~10mJ 在"较易~中度"范围。

通过数量级评估,团队确定将"特别灵敏"和"易于点燃"解释为平均概率 1 次/年。

②　暴露概率。操作员仅作业期间在操作区。DHA 团队假设操作员每一班次暴露于危险中的时间为 0.5~1h,因此可假设暴露概率为 10%(−1)。

③　可燃性环境形成的概率。料斗持续进料,筒仓和料仓内可燃性环境形成的概率较高(表 C.1)。

表 8.30　节点 6B：基于风险的 DHA 分析——产品料斗

节点	6B		
设备	产品料斗		
失效场景	旋风除尘器或集尘器爆炸蔓延，引起着火		
后果	产品料斗破裂，可能造成人员重伤或死亡		5
后果频率标准		最大	−5
		可忽略不计	−6
初始事件	根据节点 6A，旋风除尘器/集尘器内爆炸的概率=1 次/年[①]		0
独立保护层			
等电位连接和接地	料斗由导电材料制成，器壁无涂层。此外，按照 NFPA 654-9.3.2 要求对料斗进行等电位连接和接地操作		−1
条件修正因子			
暴露概率	假设暴露概率为 10%[②]		−1
可燃性环境形成的概率	可燃性环境形成的概率=1.0(0)[③]		0
点火概率	见初始事件		0
致伤概率	爆炸致伤概率=100%		0
预测的场景频率			−2
建议	描述/影响		
6B1)保持等电位连接和接地的完整性	确保计划有效实施，以保持接地和等电位连接的完整性（NFPA 654-12.1.2)[④]		−1
6B2)隔爆	在旋风除尘器和集尘器到产品料斗的管线上安装隔爆装置（见备注）		−1
6B3)区域限制	过程运行时，限制人员进入料斗区		−1
减缓后的频率(包括执行建议)			−5
其他备注	研究使用隔爆系统的可能性时，需确保失效概率为 0.01(−2)		

　　① 初始事件。料斗持续进料，基于节点 5 和节点 6 的分析，最坏情况下集尘器内静电点火的频率为 1 次/年。

　　② 暴露概率。操作员仅作业期间在操作区。DHA 团队假设操作员每一班次暴露于危险中的时间为 0.5～1h，因此可假设暴露概率为 10%（−1)。

　　③ 可燃性环境形成的概率。料斗持续进料，筒仓和料仓内可燃性环境形成的概率较高（表 C.1)。

　　④ 建议。由于节点 6A 为集尘器内静电点火，因此此场景中关于确保该设备接地和等电位连接的完整性的建议适用。

节点 7：包装设备

表 8.31　节点 7A：基于风险的 DHA 分析——包装设备

节点	7A	
设备	包装设备	
失效场景	热封袋是扬尘的潜在引燃源	
后果	闪火,可能造成人员重伤或死亡	5
后果频率标准	最大	−5
	可忽略不计	−6
初始事件	可燃性粉尘环境存在的概率=0.01 次/年(−2)[①]	−2
独立保护层		
条件修正因子		
暴露概率	操作员始终在包装线作业现场	0
可燃性环境形成的概率	见初始事件	0
点火概率	点火概率=0.1[②]	−1
致伤概率	闪火致伤概率=100%	0
预测的场景频率		−3
建议	描述/影响	
7A1)扬尘控制	安装设计扬尘收集系统,用于充分捕集扬尘	−1
7A2)温度控制	确保热封系统的温度低于产品自动点火温度[③]	−1
减缓后的频率(包括执行建议)		−5
其他备注		

① 初始事件。袋装站的可燃性粉尘环境间歇、短暂存在。DHA 团队确定这"超出几乎所有员工的经验范围,但工厂范围内曾经发生过",根据表 8.12,其概率为 0.01 次/年 (−2)。

② 点火概率。该材料的起始温度为 150℃。在表 C.7 中,热表面的易点燃度为"中度",因此 DHA 团队决定假设点火概率为 0.1。

③ 建议。建议 7A2 失效的概率取决于温度的限制程度。如果对温度限值进行物理限制并将其作为密封系统的一部分,则可以假设失效概率为 0.01 (−2)。

表 8.32　节点 7B：基于风险的 DHA 分析——包装设备

节点	7B	
设备	包装设备	
失效场景	产品料斗爆炸蔓延成为点火源	
后果	室内二次爆炸,可能导致人员死亡	5
后果频率标准	最大	−5
	可忽略不计	−6
初始事件	产品料斗爆炸①	−1
独立保护层		
清扫	制定了清洁和点火源控制程序的书面检查表。清扫后安排第二个人检查区域。该区域内粉尘层形成的概率为 0.1②	−1
条件修正因子		
暴露概率	操作员始终在包装线作业现场	0
可燃性环境形成的概率	见初始事件	0
点火概率	火焰前锋为强点火源概率=1.0③	0
致伤概率	爆炸致死亡的概率=1.0	0
预测的场景频率		−2
建议	描述/影响	
7B1)扬尘控制	设计安装扬尘收集系统,用于充分捕集扬尘	−1
7B2)隔爆	确保现有旋转阀符合 NFPA 69-12.2.3 要求,以便在产品料斗和包装区之间提供隔爆装置(NFPA 654-7.1.6)(见备注)	−1
7B3)保持等电位连接和接地的完整性	确保计划有效实施,以保持产品料斗及其至包装设备的进料管线的接地和等电位连接状态(NFPA 654-12.1.2)	−1
减缓后的频率(包括执行建议)		−5
其他备注	研究是否可使用旋转阀防止爆炸蔓延,并将风险概率降低两个数量级	

　① 初始事件。料斗爆炸频率参考节点 7A——静电积累所致点火,即 0.1 次/年(−1)。

　② 独立保护层。为了确定料斗爆炸时出现粉尘层的频率,团队需检测清洁程序的完整性。团队可能需询问的问题包括：是否具有书面的清洁说明和计划表？是否具有检查表？清洁后是否有第二个人对区域进行检查？如果设施为已建设施,团队应巡视该区域,寻找该区域所有水平表面上是否存在粉尘层。

　假设 DHA 团队发现该操作区无粉尘层,而且清洁程序已有效执行。根据表 C.4,团队得出结论,粉尘层出现的频率为 0.1 次/年。

　③ 点火概率。来自产品料斗的火焰前峰为强点火源,因此,点火概率为 1.0(0)。

表 8.33 节点 7C：基于风险的 DHA 分析——包装设备

节点	7C	
设备	包装设备	
失效场景	静电放电引起扬尘着火	
后果	闪火,造成人员重伤或死亡	5
后果频率标准	最大	-5
	可忽略不计	-6
初始事件	静电点火[①]	0
独立保护层		
等电位连接和接地	按照 NFPA 654-9.3.2 要求对包装设备进行等电位连接和接地操作	-1
条件修正因子		
暴露概率	操作员始终在包装线作业现场	0
可燃性环境形成的概率	可燃性环境形成的概率=0.01[②]	-2
点火概率	见初始事件	0
致伤概率	闪火致死亡的概率=1.0	0
预测的场景频率		-3
建议	描述/影响	
7C1)保持等电位连接和接地的完整性	确保计划有效实施,以保证包装设备接地和等电位连接状态(NFPA 654-12.1.2)	-1
7C2)扬尘控制	设计安装扬尘收集系统,用于充分捕集扬尘	-1
7C3)个人防护设备	要求使用防火 PPE	-1
减缓后的频率(包括执行建议)		-6
其他备注		

① 初始事件。接地材料的 MIE 为 3～10mJ。因此,DHA 团队根据表 C.5 假设点火概率为 1.0。

② 可燃性环境形成的概率。包装设备的可燃性粉尘环境间歇、短暂存在。DHA 团队假设这一概率为 0.01(-2)。

节点 8：扬尘收集器

表 8.34　节点 8A：基于风险的 DHA 分析——扬尘收集器

节点	8A	
设备	扬尘收集器（FDC）	
失效场景	静电点火引起爆炸	
后果	集尘器破裂，导致人员重伤或死亡	5
后果频率标准	最大	−5
	可忽略不计	−6
初始事件	静电点火[1]	0
独立保护层		
等电位连接和接地	按照 NFPA 654-9.3.2 要求对扬尘收集器进行等电位连接和接地操作	−1
条件修正因子		
暴露概率	假设暴露概率为 10％[2]	−1
可燃性环境形成的概率	可燃性环境形成的概率＝0.1[3]	−1
点火概率	点火概率＝1.0[1]	0
致伤概率	伤亡概率＝1.0	0
预测的场景频率		−3
建议	描述/影响	
8A1)保持等电位连接和接地的完整性	确保计划有效实施，以保证扬尘收集器接地和等电位连接状态（NFPA 654-12.1.2）	−1
8A2)防爆	使用泄爆装置进行防爆。确保泄爆口指向安全场所（NFPA 654-7.1.4 和 NFPA 68）	−2
减缓后的频率（包括执行建议）		−6
其他备注		

① 点火概率。产品 MIE 为 3～10mJ。根据表 C.5 与 MIE，点火概率为 1.0，因此 DHA 团队假设在无安全防护措施的情况下，点火频率为 1 次/年（0）。

② 暴露概率。操作员仅作业期间在操作区。DHA 团队假设操作员每一班次暴露于危险中的时间为 0.5～1h，因此可假设暴露概率为 10％（−1）。

③ 可燃性环境形成的概率。扬尘收集器收集扬尘，其浓度并不总是高于爆炸下限浓度（MEC）。此种情况仅在脉冲时发生。DHA 团队在审查扬尘收集器操作后确定这一概率为 0.1 次/年（−1）。

表 8.35 节点 8B：基于风险的 DHA 分析——扬尘收集器

节点	8B		
设备	扬尘收集器（FDC）		
失效场景	扬尘收集器滤袋损坏穿透，风机可能为点火源		
后果	扬尘收集器破裂，导致人员重伤或死亡		5
后果频率标准		最大	−5
		可忽略不计	−6
初始事件	滤袋损坏穿透[①]		−1
独立保护层			
条件修正因子			
暴露概率	假设暴露概率为 10%（−1）[②]		−1
可燃性环境形成的概率	可燃性环境形成的概率=0.1（−1）[③]		−1
点火概率	风机引燃，假设概率为 1.0（0）[④]		0
致伤概率	伤亡概率=1.0		0
预测的场景频率			−3
建议	描述/影响		
8B1）保持等电位连接和接地的完整性	确保计划有效实施，以保证扬尘收集器接地和等电位连接状态（NFPA 654-12.1.2）		−1
8B2）防爆	使用泄爆装置进行防爆，确保泄爆口指向安全场所（NFPA 654-7.1.4 和 NFPA 68）		−2
减缓后的频率（包括执行建议）			−6
其他备注			

① 初始事件。假设 DHA 团队基于操作经验选择的频率为 0.1 次/年（−1）。

② 暴露概率。操作员仅作业期间在操作区。DHA 团队假设操作员每一班次暴露于危险中的时间为 0.5～1h，因此可假设暴露概率为 10%（−1）。

③ 可燃性环境形成的概率。扬尘收集器收集扬尘，其浓度并不总是高于爆炸下限浓度（MEC）。此种情况仅在脉冲时发生。DHA 团队在审查扬尘收集器操作后确定这一概率为 0.1 次/年（−1）。

④ 点火概率。在没有其他数据的情况下，DHA 团队假设点火概率为 1.0（0）。

节点 9：封闭场地/房间

需对各个封闭场地/房间进行单独评估。为简单起见，示例 1 中仅对进料料斗室进行评估。

表 8.36　节点 9A：基于风险的 DHA 分析——进料料斗室

节点	9A		
设备	进料料斗室		
失效场景	热表面引起积聚粉尘点火，导致闪火形成		
后果	可能导致人员伤亡		5
后果频率标准		最大	−5
		可忽略不计	−6
初始事件	存在可燃性粉尘层①		−1
独立保护层			
电气区域分类	对电气区域进行适当分类，防止电气设备形成热表面（NFPA 654-6.5.1）②		−1
条件修正因子			
暴露概率	工作人员及时将散装袋内料卸至料斗		0
可燃性环境形成的概率	不适用于此场景		0
点火概率	高浓度粉尘起始温度，点火概率＝0.1（−1）③		−1
致伤概率	伤亡概率＝1.0		0
预测的场景频率			−3
建议	描述/影响		
9A1）扬尘收集	在充电站附近安装扬尘收集器（NFPA 654-8.1.1）（如果现有的扬尘收集器可处理增加的负荷，则可连至现有装置进行清扫）④		−1
9A2）个人防护设备	用于保护区域内人员免受闪火影响的 FRPPE 包括呼吸防护装置，可将场景出现频率降低一个数量级		−1
减缓后的频率（包括执行建议）			−5
其他备注			

　① 初始事件。就本示例而言，假设 DHA 团队发现该操作区无粉尘层，而且清扫程序已有效执行。根据表 C.4，团队得出结论，粉尘层出现的频率为 0.1 次/年。

　② 独立保护层。初步符合有关接地和等电位连接以及电气区域分类的适当规范标准是一项基本假设（参见独立保护层）。如果 DHA 团队认为装置或设施不符合这些标准，则应先使其合规。

　③ 点火概率。原料的起始温度为 350℃。DHA 团队决定假设点火概率为 0.1（−1）。

　④ 建议。在散装袋/料斗连接处设置一个粉尘收集点，将粉尘从最有可能释放的区域清除，减小粉尘层形成的概率。如果容量足够，可以通过与现有扬尘收集器（FDC）相连来实现。

表 8.37　节点 9B：基于风险的 DHA 分析——进料料斗室

节点	9B	
设备	进料料斗室	
失效场景	料斗内爆炸引起卸料区扬尘,点燃卸料区粉尘层,引起二次爆炸	
后果	爆炸引起人员伤亡[①]	5
后果频率标准	最大	−5
	可忽略不计	−6
初始事件	料斗内爆炸概率＝0.01 次/年(见节点 2A——进料料斗)[①]	−2
独立保护层		
清扫	制定了清洁和点火源控制程序的书面检查表。清扫后安排第二个人检查区域。区域内粉尘层出现频率为 0.1 次/年[②]	−1
条件修正因子		
暴露概率	卸料时人员一直在现场	0
可燃性环境形成的概率	初始事件生成的可燃性粉尘云	0
点火概率	初始爆炸提供了强点火源	0
致伤概率	爆炸致伤概率＝100％	0
预测的场景频率		−3
建议	描述/影响	
9B1)扬尘收集	在充电站附近安装扬尘收集器(NFPA 654-8.1.1)(如果现有的扬尘收集器可处理增加的负荷,则可连至现有装置进行清扫)	−1
9B2)保持等电位连接、接地和电气设备的完整性	确保计划有效实施,以维护装置接地和 NFPA 654 连接状态(NFPA 654-12.1.2),将场景发生的频率减小一个数量级	−1
9B3)封闭场所泄爆	为进料料斗室安装泄爆装置(见备注)	
减缓后的频率(包括执行建议)		−5
其他备注	进料料斗室泄爆装置对其内操作员并无防护作用。该装置可防止建筑物内其他设备免受损坏,或许能够保护其他人员	

① 初始事件。料斗内爆炸产生的火焰前锋是一种强点火源,因此,场景发生的概率基于料斗内爆炸的概率。根据节点 2A,这一概率为 0.01 次/年 (−2)。

② 为了确定料斗爆炸时出现粉尘层的频率,团队需检测清洁程序的完整性。团队可能需询问的问题包括:是否具有书面的清洁说明和计划表?是否具有检查表?清洁后是否有第二个人对区域进行检查?如果设施为已建设施,团队应巡视该区域,检查该区域所有水平表面上是否存在粉尘层。

对于这个示例,假设 DHA 团队发现该操作区无粉尘层,而且清洁程序已有效执行。根据表 C.4,团队得出结论,粉尘层出现的频率为 0.1 次/年。

8.2.4 传统分析与基于风险的分析对比——示例 1

第 8.2.2 节和第 8.2.3 节说明了对过程安全进行传统分析与基于风险的分析存在的一些差异。最明显的区别是，在基于风险的 DHA 分析表中需要将不同原因对应的后果场景区分开来。在传统的 DHA 分析中，所有的原因与后果均列于同一张表中。在基于风险的 DHA 分析（无论是使用 LOPA 还是风险矩阵）中，如果在同一张表中列出所有的原因与后果，不同场景的分析会变得混乱，同时表格的可阅读性也会变差。

传统分析和基于风险的分析之间可能存在的区别为经验丰富的团队和经验欠缺的团队所提出的建议的数量、类型和质量不同。针对示例 1 的 DHA 分析表给出了相关建议，以满足规范与标准。许多建议超出了第三方规范的要求。在传统的 DHA 分析中，经验丰富、熟悉固体处理过程及其相关采取控制和保护措施的团队成员可能会提出超出规范要求的建议。而经验欠缺的团队则可能不具备这样的专业知识。在基于风险的 DHA 分析中，仅规范要求可能不足以符合组织的风险标准。在此情况下，基于风险的 DHA 分析方案就会迫使团队研究额外的保护措施。

示例 1 显示出的另一个区别在于，基于风险的分析中的保护措施的数量和可靠性取决于组织使用的实际风险可接受标准。

第一个示例是行政管制作为安全防护措施的有效性。在大多数情况下，行政管制措施或保护层失效概率为一个数量级即 0.1。例如，在节点 1B、9A 和 9B 中，即使是设计完善、维护良好、有效实施的点火源控制设施和工作许可系统，其总体失效概率也为 0.1（见表 C.4）。在传统的 DHA 分析中，经验欠缺的 DHA 团队可将行政管制列为一种保护措施或一项建议。而在基于风险的 DHA 分析中，这远远不够，需提出进一步的建议来降低风险。

另一个例子体现在将设备安装在屋顶上（旋风除尘器和集尘器）作为保护措施。如果使用传统的分析方法，DHA 团队可能到此为止，因为这已经符合 NFPA 654-7.13.1.1 的要求。DHA 团队建议在设备运行时限制人员进入屋顶，并可能符合 ALARP。但在基于风险的分析中，仅行政管制不足以满足风险标准，建议研究如何将其可靠性提高两个数量级，使其达到 1/100（0.01）。

可使用工具来分析人员行为和响应的失效概率，并采取相应措施以降低失效概率。但是，这超出了本书范畴。《危险评估程序指南》（Guidelines for Hazard Evaluation Procedures）（第 3 版）（CCPS 2008）对此进行了简要描述。

还有一个区别在于主动工程控制装置的有效性，如联锁、抑爆或惰化系统。与行政管制一样，使用常规过程控制系统运行的所有保护系统的失效概率均被视为一个数量级，即0.1（见表C.8）。此外，如采用更严格的定量方法（如LOPA），控制系统仅可采取一项作为保护措施。为了降低失效概率，需对此保护措施进行更详尽的分析。建议读者阅读《保护层分析》（Layer of Protection Analysis）（CCPS 2001）和IEC 61511《过程工业领域安全仪表系统的功能安全》（Functional Safety-Safety Instrumented Systems for the Process Industry Sector）（IEC 2003）以了解更多信息。

8.3 示例2

8.3.1 过程描述——示例2

示例2为相同的研磨工艺线，但现在需将产品加入易燃溶剂甲醇中，而非装入包装袋中。修改后的研磨工艺流程如图8.4所示。此工艺的前段与之前相

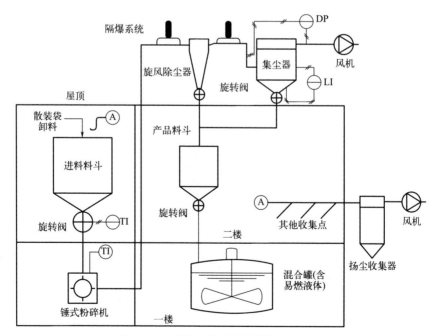

图8.4 给搅拌容器进料的研磨工艺流程

A—分析；DP—差压；LI—液位显示；TI—温度显示

同，并且已将之前 DHA 分析所提出的建议落实。工厂并没有为此工艺安装隔爆阀，而是选择在旋风除尘器和集尘器下安装旋转阀。表 8.38 列出了甲醇的一些特性。此外，甲醇是一种导电溶剂。

表 8.38　甲醇的部分物理特性

闪点	11℃(51.8℉)
沸点	64.7℃(148.5℉)
LFL	5.5%(体积分数)
UFL	36.5%(体积分数)
MIE	0.14mJ

将固体装到顶部有易燃蒸气的容器中这一操作十分危险（见第 3.2.8 节）。无论组织是进行传统的 DHA 分析还是基于风险的 DHA 分析，组织应采取的第一个方法是研究更加本质安全的替代方案，如使用非易燃溶剂或高闪点溶剂替代甲醇。如果使用易燃溶剂，那么在可能的情况下，应在固体装料前将溶剂冷却至低于闪点（闭杯）5℃（ESCIS 1988）。当固体装料后，容器内形成的粉尘与蒸气的混合气氛可能具有更低的闪点。

8.3.2　传统粉尘危害分析——示例 2

首先，DHA 团队查看了向搅拌容器进料的产品料斗的原始 DHA 分析。团队决定增加一种新的失效模式，即甲醇蒸气进入产品料斗，如表 8.39 所示。混合罐的传统 DHA 分析见表 8.40。

表 8.39　节点 6：传统 DHA 分析——产品料斗

节点 6	产品料斗(见第 3.2.4 节)
危险场景	场景 A)可能存在静电积聚,进而导致点火 场景 B)集尘器事故蔓延导致爆炸
改良工艺	C)甲醇蒸气在停车后的开车过程中进入空料斗
后果	可能导致伤亡
保护措施	A & C)装置等电位连接和接地(NFPA 654-9.3.2)。料斗由导电材料制成,壁上无涂层
建议	A1)提供防爆装置(NFPA 654-7.1.4)。如果料斗靠近外墙,可根据 NFPA 68 设置泄爆系统。如果因建筑物内的位置而无法设置泄爆系统,那么防爆保护应为按照 NFPA 69 要求设置的抑爆系统或惰化系统,或阻火和粉尘捕集装置。

续表

建议	B1)在产品料斗和集尘器之间安装隔爆装置(NFPA 654-7.1.6)。 C1)在混合罐上方安装隔离阀。粉末未进入混合罐时,隔离阀联锁关闭,从而防止甲醇蒸气进入空料斗。 C2)停车程序应包括确保混合罐已清空。开车程序应确保在甲醇进入混合罐之前先对进料料斗执行进料操作。 C3)工艺运行时,限制人员进入进料料斗区

表 8.40　节点 7：传统 DHA 分析——混合罐

节点 7	混合罐(见第 3.2.8 节)
危险场景	A)固体进料可能产生静电积聚,进而导致混合罐点火和爆燃
后果	可能导致人员伤亡
保护措施	装置等电位连接和接地(NFPA 654-9.3.2)。混合罐由导电材料制成,罐壁无涂层
建议	A1)使用氮气对进料管线和容器进行惰化处理,防止点燃[NFPA 654-7.1.4(1)和 NFPA 69 第 7 章]。 A2)增设一个氧气监测器并设置联锁,以防止在氧气浓度未低于 4%(体积分数)时旋转阀运行或隔离阀打开

8.3.3　基于风险的粉尘危害分析——示例 2

与传统的 DHA 分析一样,团队从产品料斗开始进行分析(见表 8.41、表 8.42)。对于节点 6A 和 6B,参见第 8.2.3 节。

表 8.41　节点 6C：基于风险的 DHA 分析——产品料斗

节点	6C	
设备	产品料斗	
失效场景	甲醇蒸气在停车后的开车过程中进入空料斗,随后因静电放电被点燃	
后果	容器爆炸,可能造成人员伤亡	5
后果频率标准	最大	−5
	可忽略不计	−6
初始事件	甲醇蒸气进入产品料斗[①]	−1
独立保护层		
等电位连接和接地	按照 NFPA 654-9.3.2 要求对包装单元进行等电位连接和接地操作	−1

条件修正因子		
暴露概率	操作员作业期间在场[2]	−1
可燃性环境形成的概率	初始事件导致可燃性气氛形成：$P=1.0$	0
点火概率	点火概率$=1.0$[3]	0
致伤概率	闪火致伤亡的概率$=1.0$	0
预测的场景频率		−3
建议	描述/影响	
6C1)设备隔离	在混合罐上方安装一个隔离阀，该阀在粉末未进入混合罐时处于联锁关闭状态(见备注)	−1
6C2)开停车程序	停车程序应该包括确保混合罐被清空且清洁。开车程序应确保在甲醇进入混合罐之前先对进料料斗执行进料操作	−1
减缓后的频率(包括执行建议)		−5
其他备注	研究将建议 6C1 中的联锁设置为安全完整性等级为 SIL2 的安全仪表功能(SIF)的可行性。这将降低减缓后的频率至−6	

① 初始事件。如果不同生产活动间未关闭料斗与混合罐之间的旋转阀，并且未清空或清洁混合罐，那么甲醇蒸气可能会进入产品料斗。DHA 团队采用 10 年 1 次（−1）的人为失误频率。

② 暴露概率。操作员仅作业期间在操作区。DHA 团队假设操作员每一班次暴露于危险中的时间为 0.5~1h，因此假设人员暴露概率为 10%（−1）。

③ 点火概率。如果甲醇蒸气进入料斗顶部空间（最小点火能为 0.14mJ），则极易在产品进入料斗时被点燃。

表 8.42　节点 7A：基于风险的 DHA 分析——混合罐

节点	7A	
设备	混合罐	
失效场景	下落粉料的静电引燃甲醇蒸气	
后果	混合罐内爆燃,可能导致人员重伤或死亡	5
后果频率标准	最大	−5
	可忽略不计	−6
初始事件	带静电的粉料落入混合罐	0
独立保护层		
条件修正因子		
暴露概率	操作员作业期间在场[1]	−1

续表

可燃性环境形成的概率	形成可燃性气氛的概率＝1.0[②]	0
点火概率	点火概率＝1.0[③]	0
致伤概率	闪火致伤亡的概率＝1.0	0
预测的场景频率		−1
建议	描述/影响	
7A1)设备隔离	使用氮气吹扫混合罐和加料线至氧气浓度低于 4%(体积分数)，同时安装一个氧气监测器并设置联锁，以防止在氧气浓度未低于4%(体积分数)时旋转阀运行或隔离阀打开(NFPA 69-第 7 章)[见备注(1)]	−2
7A2)开停车程序	启动程序应说明除非混合罐氧气浓度低于 4%,否则不得启动加料操作。本建议中的氧传感器需独立于建议 7A1 中联锁所使用的氧传感器[见备注(2)]	−1
7A3)区域限制	工艺运行时,限制人员进入进料料斗区[见备注(3)]	−1
减缓后的频率(包括执行建议)		−5
其他备注	(1)惰化系统和联锁装置失效概率应为 0.01(即,一个 SIL2 等级的安全仪表功能),以使风险充分降低。 (2)建议 7A2 中的氧传感器需独立于建议 7A1 中联锁所使用的氧传感器。 (3)通过改进区域限制方式,研究可将风险降低两个数量级的方法,以满足此场景 ALARP(例如,当研磨机运行时,其区域入口处警报灯自动打开)	

① 人员暴露概率。操作员仅作业期间在操作区。DHA 团队假设操作员每一班次暴露在危险中的时间为 0.5～1h,因此假设人员暴露概率为 10%(−1)。

② 可燃性环境形成的概率。产品罐内温度高于甲醇闪点。当粉料装料后,容器内形成的粉尘与蒸气的混合气氛可能具有更低的闪点。

③ 点火概率。甲醇最小点火能为 0.14mJ,因此极易发生静电点火,点火频率为 1 次/年。

8.3.4 传统分析与基于风险的分析对比——示例 2

本示例说明了传统分析和基于风险的分析之间的另一个差异。在传统分析中,设计团队建议惰化至氧气浓度为 4%（比甲醇的 LFL 低 2%,均指体积分数）,并设置联锁防止在氧气浓度未低于 4%时装填粉料。此外,团队建议在操作规程中明确当氧气读数低于 4%时才能进行加料操作。

通过基于风险的分析,团队和设计者可了解这些保护层所须达到的可靠程度,以及建议中的氧传感器须相互独立。为达到所要求的可靠度,其中一个保护层应为具有高可靠度的安全仪表功能（这意味着其独立并优先于基本过程控制系统），即至少为 SIL2。

8.4 示例 3

8.4.1 过程描述——示例 3

示例 3 为一条喷雾干燥工艺线。该工艺线的工艺流程如图 8.5 所示。在此情况下，喷雾干燥器使用热空气干燥水溶液。工艺的后段与示例 1 中所示相同。整个流程位于工艺框架上，而非建筑物内。

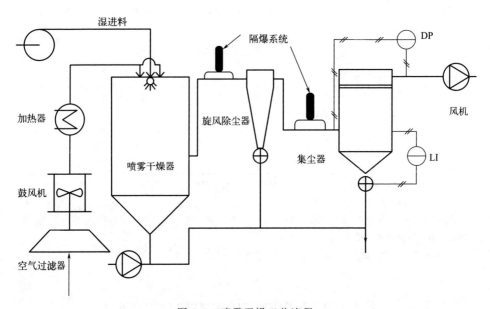

图 8.5 喷雾干燥工艺流程

喷雾干燥物料的危险特性如下：

- $K_{St}=250bar \cdot m/s$
- $P_{max}=9bar$
- $MIE=10\sim30mJ$

喷雾干燥器的危害：干燥器底部空气可能含有超过其 MEC 的可燃性粉尘。干燥器壁上可能形成粉尘沉积物。如果这些粉尘沉积物表现出热不稳定性，则可能分解。如果粉末排放部分受阻或完全受阻，粉末可能积聚于干燥器底部或其他区域。粉末温度与干燥器的出风口温度相近，并可能受热而分解。干燥的危害已在第 3.2.3 节中介绍。有关干燥器危害和解决方案的其他信息来源包括：

- Prevention of Fires and Explosions in Dryers-A User Guide（Abbott 1990）
- Processes for Drying Powders-Hazards and Solutions（Febo 2013）

8.4.2　传统粉尘危害分析——示例 3

节点 1 喷雾干燥器的传统 DHA 分析见表 8.43。

表 8.43　节点 1：传统 DHA 分析——喷雾干燥器

节点 1	喷雾干燥器
危险场景	场景 A)静电积累引起着火
	场景 B)湿料进料减少导致过热引起着火
	场景 C)壁上粉尘层热降解引起着火
	场景 D)流量减少引起干燥器出口散粉分解,进而导致着火
	场景 E)旋风除尘器/集尘器爆燃蔓延导致着火
后果	喷雾干燥器内爆炸,可能导致伤亡
保护措施	A)装置等电位连接和接地(NFPA 654-9.3.2) E)在喷雾干燥器和旋风除尘器/集尘器之间安装隔爆装置
建议	A～E1)通过安装泄爆装置进行防爆[NFPA 654-7.1.4.1(2)]。 A～E2)装置运行时,限制进入工艺框架。 A1)确保计划有效实施,以保证接地和等电位连接以及电气设备的完整性(NFPA 654-12.1.2 和 654-6.5)。 B1)如果湿料进料近似,设置联锁以阻止热空气流动。 C1)根据产品使用经验确定停机和清洁前的最长运行时间。 D1)如果输送风机停止运转,设置联锁停止送料。 C & D1)确定产品的热分解起始温度,同时保持出口的空气温度比热分解起始温度低 20℃。 C & D2)安装一氧化碳监测器,以检测分解反应的发生情况并向操作员报警

8.4.3　基于风险的粉尘危害分析——示例 3

节点 1A～1D 喷雾干燥器的基于风险的 DHA 分析见表 8.44～表 8.47。

表 8.44 节点 1A：基于风险的 DHA 分析——喷雾干燥器

节点	1A		
设备	喷雾干燥器		
失效场景	静电积累引起着火		
后果	容器爆炸,可能造成伤亡		5
后果频率标准		最大	−5
		可忽略不计	−6
初始事件	静电引燃概率＝0.1①		−1
独立保护层			
等电位连接和接地	按照 NFPA 654-9.3.2 要求对装置进行等电位连接和接地操作。此外,喷雾干燥器由导电材料制成,壁上无涂层		−1
条件修正因子			
暴露概率	操作员作业期间在场②		−1
可燃性环境形成的概率	可燃性环境形成的概率＝1.0③		0
点火概率	见初始事件		0
致伤概率	爆炸致伤亡的概率＝1.0		0
预测的场景频率			−3
建议	描述/影响		
1A1)保持等电位连接和接地的完整性	确保程序有效实施,以保证接地和等电位连接以及电气设备的完整性(NFPA 654-12.1.2 和 654-6.5)		−1
1A2)防爆	通过安装泄爆装置进行防爆[NFPA 654-7.1.4.1(2)](见备注)		−2
减缓后的频率(包括执行建议)			−6
其他备注	对于建议 1A2,根据 NFPA 68 - 8.3 对喷雾干燥器进行部分体积修正,以使泄爆口尺寸适用		

① 初始事件。喷雾干燥物料的 MIE 为 10～30mJ。在表 C.6 中,这属于"正常点火灵敏度"范围。在表 C.7 中,该值属于"中度"易燃范围。因此,DHA 团队假设点火频率为 10 年 1 次（0.1 次/年）。

② 暴露概率。操作员仅作业期间在操作区。DHA 团队假设操作员每一班次暴露于危险中的时间为 0.5～1h,因此可假设暴露概率为 10%（−1）。

③ 可燃性环境形成的概率。喷雾干燥器底部的粉尘浓度通常处于可燃范围内,因此,假定可燃性环境形成的概率为 1.0。

表 8.45 节点 1B：基于风险的 DHA 分析——喷雾干燥器

节点	1B	
设备	喷雾干燥器	
失效场景	湿料进料减少导致过热，引起着火	
后果	容器爆炸，可能造成人员伤亡	5
后果频率标准	最大	−5
	可忽略不计	−6
初始事件	物料控制回路故障概率＝0.1 次/年[1]	−1
独立保护层		
条件修正因子		
暴露概率	操作员作业期间在场[2]	−1
可燃性环境形成的概率	可燃性环境形成的概率＝1.0[3]	0
点火概率	点火概率＝1.0[4]	0
致伤概率	爆炸致伤亡的概率＝1.0	0
预测的场景频率		−2
建议	描述/影响	
1B1)安全仪表功能	如果湿料进料减少，设置 SIF 联锁以关闭热空气流量[见备注(1)]	−1
1B2)防爆	通过安装泄爆装置进行防爆[NFPA 654-7.1.4.1(2)][见备注(2)]	−2
1B3)区域限制	装置运行时，限制人员进入工艺框架	−1
减缓后的频率(包括执行建议)		−6
其他备注	(1)由于初始事件为控制回路失效，因此，建议 1B1 的联锁须为安全仪表系统(SIS)的一部分。 (2)对于建议 1B2，对喷雾干燥器进行部分体积修正，以使泄爆口尺寸适用(NFPA 68-8.3)	

① 初始事件。DHA 团队假设湿料进料减少很有可能由控制回路失效引起，根据表 C.3，此概率为 0.1 次/年。此外，团队假设湿料进料减少会造成过热，进而导致着火。

② 暴露概率。操作员仅作业期间在操作区。DHA 团队假设操作员每一班次暴露于危险中的时间为 0.5~1h，因此可假设暴露概率为 10%（−1）。

③ 可燃性环境形成的概率。喷雾干燥器底部的粉尘浓度通常处于可燃范围内，因此，假定可燃性环境形成的概率为 1.0。

④ 点火概率。在无任何数据的情况下，DHA 团队假设点火概率为 1.0。

表 8.46 节点 1C：基于风险的 DHA 分析——喷雾干燥器

节点	1C	
设备	喷雾干燥器	
失效场景	壁上粉尘层热降解引起着火	
后果	容器爆炸,可能造成人员伤亡	5
后果频率标准	最大	−5
	可忽略不计	−6
初始事件	壁上粉尘层热降解概率为＝1 次/年①	0
独立保护层		
条件修正因子		
暴露概率	操作员作业期间在场②	−1
可燃性环境形成的概率	可燃性环境形成的概率＝1.0③	0
点火概率	见初始事件	0
致伤概率	爆炸致伤亡的概率＝1.0	0
预测的场景频率		−1
建议	描述/影响	
1C1)温度控制	测定粉尘层的分解温度,将出口温度设为该温度以下 20℃	−1
1C2)一氧化碳监测器应为 SIF	安装一氧化碳监测器,以检测分解反应的发生情况和向操作员报警(应为 SIF)[见备注(1)]	−1
1C3)防爆	通过安装泄爆装置进行防爆[NFPA 654-7.1.4.1(2)][见备注(2)]	−2
1C4)区域限制	装置运行时,限制人员进入工艺框架	−1
减缓后的频率(包括执行建议)		−6
其他备注	(1)根据建议 1C1,应在过程控制系统中使用控制回路。因此,建议 1C2 的联锁须为安全仪表系统(SIS)的一部分。 (2)对于建议 1C3,对喷雾干燥器进行部分体积修正,以使泄爆口尺寸适用(NFPA 68-8.3)	

① 初始事件。粉尘层和散粉的热稳定性尚不明确,因此,初始分析时使用的频率为 1 次/年。在热稳定性确定后,应审查点火频率以确定是否需降低。

② 暴露概率。操作员仅作业期间在操作区。DHA 团队假设操作员每一班次暴露于危险中的时间为 0.5~1h,因此可假设暴露概率为 10%(−1)。

③ 可燃性环境形成的概率。喷雾干燥器底部的粉尘浓度通常处于可燃范围内,因此,假定可燃性环境形成的概率为 1.0。

表 8.47　节点 1D：基于风险的 DHA 分析——喷雾干燥器

节点	1D	
设备	喷雾干燥器	
失效场景	流量减少引起干燥器出口散粉分解,进而导致着火	
后果	容器爆炸,可能造成伤亡	5
后果频率标准	最大	-5
	可忽略不计	-6
初始事件	初始事件,风机失效概率=0.1 次/年[①]	-1
独立保护层		
条件修正因子		
暴露概率	操作员作业期间在场[②]	-1
可燃性环境形成的概率	可燃性环境形成的概率=1.0[③]	0
点火概率	分解引起热着火,点火概率=1.0(0)[④]	0
致伤概率	爆炸致伤亡的概率=1.0	0
预测的场景频率		-2
建议	描述/影响	
1D1)过程控制	如果输送风机停止运转,设置联锁停止送料[见备注(1)]	-1
1D2)一氧化碳监测器应为 SIF	安装一氧化碳监测器,以检测分解反应的发生情况和向操作员报警[应为 SIF][见备注(1)]	-1
1D3)防爆	通过安装泄爆装置进行防爆[NFPA 654-7.1.4.1(2)][见备注(2)]	-2
减缓后的频率(包括执行建议)		-6
其他备注	(1)根据建议 1D1,应在过程控制系统中使用控制回路。因此,建议 1C2 的联锁须为安全仪表系统(SIS)的一部分。 (2)对于建议 1D3,对喷雾干燥器进行部分体积修正,以使泄爆口尺寸适用(NFPA 68-8.3)	

①　初始事件。根据表 C.3,风机或鼓风机失效频率为 0.1 次/年。

②　暴露概率。操作员仅作业期间在操作区。DHA 团队假设操作员每一班次暴露于危险中的时间为 0.5~1h,因此可假设暴露概率为 10%(-1)。

③　可燃性环境形成的概率。喷雾干燥器底部的粉尘浓度通常处于可燃范围内,因此,假定可燃性环境形成的概率为 1.0。

④　点火概率。粉尘层和散粉的热稳定性尚不明确,因此,初始分析时假设点火概率为 1.0。在热稳定性确定后,应审查点火概率以确定是否需降低。

8.4.4 传统分析与基于风险的分析对比——示例 3

本示例与示例 2 相似。通过传统分析，设计团队建议设置三个独立的联锁。通过基于风险的分析，团队和设计者评估了这些保护层所需达到的可靠程度。例如，湿料进料减少时，联锁需达到 SIL2，以使场景风险降低至-1。如果一氧化碳监测器和联锁装置无法达到 SIL2，则至少为 SIL1。

8.5 总结

表面看来，传统的 DHA 分析与基于风险的 DHA 分析所能降低的风险水平相差无几。因为对于经验丰富的专业团队来说，无论使用哪一种方法，都可以识别出危险场景，并确认有效的风险降低策略。但基于风险的 DHA 分析有两个优势。首先，当对标准和规范的合规性不足以使风险达到 ALARP 时，该方法可以有效地帮助那些经验欠缺的团队识别危险场景。其次，该方法可以确定至少需要多少保护层才能达到公司风险可接受标准。此外，基于风险的 DHA 分析的结果也可以证明，即使未满足可接受度标准，也达到了 ALARP。

8.6 参考文献

Abbott J. A. （ed）1990，*Prevention of fires and explosions in dryers-a user guide，2nd edition*，The Institution of Chemical Engineers，Rugby，England.

CCPS 2001，*Layer of protection analysis：simplified risk assessment*，Center for Chemical Process Safety，New York，NY.

CCPS 2007，*Guidelines for safe and reliable instrumented protective systems*，Center for Chemical Process Safety，New York，NY.

CCPS 2008，*Guidelines for hazard evaluation procedures，3rd ed.*，Center for Chemical Process Safety，New York，NY.

CCPS 2009，*Guidelines for developing quantitative safety risk criteria*，Center for Chemical Process Safety，New York，NY.

CCPS 2016，*Guidelines for safe automation of chemical processes*，*2nd Ed.*，Center for Chemical Process Safety，New York，NY.）

IEC 2003，IEC 61511，*Functional safety-safety instrumented systems for the process industry sector*，2003，Geneva，Switzerland.

Febo，H. J. 2015，Drying of Combustible Powders-Risk and Mitigation，*Journal of Loss Prevention in the Process Industries*，Vol. 36，p. 252-257.

FMG 2013，*Prevention and mitigation of combustible dust explosion and fire*，FM Global Data Sheet 7-76，Johnston，RI.

ESCIS 1988，'*Rules for plant safety*'，Plant and Operations Progress（now Process Safety Progress），Vol. 17，No. 1，p. 1-22，January 1988.

附录 A 法规和规范

A.1 法规

A.1.1 美国

1970 年美国颁布的职业安全和健康法中有以下一节规定。

第 5（a）节：每个雇主

（1）必须为每个雇员提供就业和工作场所，这些岗位和场所不能存在可导致雇员死亡或严重生理伤害的危险。

（2）应遵守根据本法颁布的职业安全和健康标准。

这就是所谓的一般责任条款。可燃性粉尘的危害是公认的。一些特定的行业由 OSHA 的其他法规所涵盖。明确涵盖可燃性粉尘危害的法规是 OSHA 1910.272《谷物处理设施》（Grain Handling Facilities）。OSHA 在 1910.22《常规要求》（General Requirements）和 1910.176《材料处理和储存清洁管理》（Materials Handling and Storage Housekeeping）中也有适用于可燃性粉尘的清洁要求。1910.176 的（c）节规定：储存区应避免堆积构成绊倒、火灾、爆炸或害虫藏匿危险的材料。

OSHA 有一个可燃性粉尘国家重点计划（NEP）CPL 03-00-008。NEP 的目的是检查处理可燃性粉尘的设施。OSHA 引用了上述法规，并依据 NEP 对所有已经发布的引文进行了解释说明。

A.1.2 国际

（1）欧洲

在欧洲，所有欧盟国家均须遵循 ATEX 指令。具体如下：

• ATEX Directive 1992/92/EC（ATEX 137 or ATEX Workplace Directive）：该指令对加强潜在爆炸性环境中工作人员的健康与安全防护作出了最低要求。

• ATEX directive 94/9/E（ATEX 95 or ATEX Equipment Directive）：该指令涉及用于潜在爆炸性环境的设备和防护系统。

每个欧盟国家通过使用自己的法规实施 ATEX 指令。在英国，有关如何遵循 ATEX 的信息可参阅英国卫生安全局（HSE）官网。

（2）中国

在多起粉尘爆炸造成多人死亡后，中国颁布了关于防止粉尘爆炸的国家准则（PBS 2015）。在本书编撰过程中，其详细信息尚不清楚。在中国设有可燃性固体处理工厂的组织须确定其内容❶。

A.2　规范

美国消防协会（NFPA）的规范对外免费开放，读者可线上查阅。NFPA适用于可燃性粉尘的法规如下：

- NFPA 61：Standard for the Prevention of Fires and Dust Explosions in the Agricultural and Food Processing Industry，2013.
- NFPA 68：Standard on Explosion Protection by Deflagration Venting，2013.
- NFPA 69：Standard on Explosion Protection Systems，2014.
- NFPA 70：National Electric Code，2014.
- NFPA 77：Recommended Practice on Static Electricity，2014.
- NFPA 86：Standards for Ovens and Furnaces，2015.
- NFPA 91：Standard for Exhaust Systems for Air Conveying of Vapors，Gases，Mists and Noncombustible Particulate Solids，2015.
- NFPA 484：Standard for Combustible Metals，2012.
- NFPA 496：Standard for Purged and Pressurized Enclosures for Electrical Equipment，2013.
- NFPA 499：Recommended Practice for the Classification of Combustible Dusts and of Hazardous（Classified）Locations in the Electrical Installations in Chemical Process Areas，2013.
- NFPA 652：Standard on the Fundamentals of Combustible Dust，2016.该标准规定了各行业识别和管理可燃性粉尘与颗粒固体火灾及爆炸危险的基本原则和要求。
- NFPA 654：Standard for the Prevention of Fires and Dust Explosions from the Manufacturing，Processing，and Handling of Combustible Particulate Solids，2017.

---

❶　现行国家标准GB/T 44394—2024《化学品粉尘爆炸危害识别和防护指南》已于2024年12月1日起正式实施，译者注。

- NFPA 655：Standard for Prevention of Sulfur Fires and Explosions，2012.

- NFPA 664：Standard for the Prevention of Fires and Dust Explosions in Wood Processing and Woodworking Facilities，2012.

美国法特瑞互助保险公司（FM Global）是一家财产公司和风险管理服务提供商。FM 免费提供大量的防损失数据表，可由官网获取。适用于可燃性粉尘的数据表如下：

- FM Global，property loss prevention data sheet 7-75，Grain Storage and Milling，January 2012.

- FM Global，property loss prevention data sheet DS-7-76，Prevention and mitigation of Combustible Dust Explosion and Fire，September 2014.

- FM Global，property loss prevention data sheet 7-73，Dust Collectors and Collection systems，January 2012.

- FM Global，property loss prevention data sheet 1-44，Damage Limiting Constryction，April 2012.

美国材料与试验协会为美国制定了可燃性粉尘的测试标准。具体如下：

- ASTM E1226-12a，Standard Test Method for Explosibility of dust clouds，2012.

- ASTM E2931-13，Standard Test Method for Limiting Oxygen（Oxidant）Concentration of Combustible Dust Clouds，2013.

- ASTM E-1515-14，Standard Test Method for Minimum Explosible Concentration of Combustible Dusts，2014.

- ASTM E2019-03（2013），Standard Test Method for Minimum Ignition Energy of a Dust Cloud in Air.

- ASTM E2021-15 Standard Test Method for Hot-surface Ignition Temperature of Dust Layers，2015.

- ASTM E1491-06（2012），Standard Test Method for Minimum Autoignition Temperature of Dust Clouds.

以下列出了一些欧洲标准。VDI 是由德国工程师协会制定的标准。

- VDI 2263 Dust Fires and dust explosions；hazards，assessment，protective measures 1992-05.

- VDI 2663 Part 1，Dust fires and dust explosions；hazards，assessment，protective measures；test methods for the determination of the safety characteristic of dusts，1990-05.

• VDI 2263 Part 2，Dust fires and dust explosions；hazards，assessment，protective measures；inerting，1992-05.

• VDI 2263 Part 3，Dust fires and dust explosions；hazards，assessment，protective measures；pressure shock resistant vessels and apparatus；calculation，construction and tests，1990-05.

• VDI 2263 Part 4，Dust fires and dust explosions；hazards，assessment，protective measures；suppression of dust explosions，1992-04.

• VDI 2263 Part 5，Dust fires and dust explosions Hazards，assessment，protective measures Explosion protection in fluidized bed dryers，2014-10.

• VDI 2263 Part 5.1，Dust fires and dust explosions Hazards，assessment，protective measures Explosion protection in fluidized bed dryers Hints and examples of operation，2014-10.

• VDI 2263 Part 6，Dust fires and dust explosions Hazards，assessment，protective measures Dust fires and explosion protection in dust extracting installations，2007-09.

• VDI 2263 Part 6.1，Dust fires and dust explosions Hazards assessment，protective measures Dust fires and explosion protection in dust extracting installations；Examples，2009-10.

• VDI 2263 Part 7，Dust fires and dust explosions Hazards assessment protective measures dust fires and explosion protection in spraying and drying integrated equipment，2010-07.

• VDI 2253 Part 7.1，Dust fires and dust explosions Hazards assessment protective measures Fire and explosion protection in spraying and drying integrated equipment Examples，2013-03.

• VDI 2263 Part 8，Dust fires and dust explosions Hazards assessment protective measures Fire and explosion protection on elevators，2008-12.

• VDI 2263 Part 8.1，Dust fires and dust explosions Hazards assessment protective measures Fire and explosion protection on elevators，2011-03.

• VDI 2263 Part 8.2，Dust fires and dust explosions Hazards assessment protective measures Explosion suppression and combination of structural protective measures in elevators，2014-12.

• VDI 2263 Part 9，Dust fires and dust explosions Hazards assessment protective measures Determination of dustiness of bulk materials 2008-05.

- VDI 3673 Part 1，Pressure venting of dust explosions，2002-11.

- EN 14491-2012，European Standard：Dust explosion venting protective systems，European Committee for Standardization，Brussels Belgium，2012.

- EN 14791-2006，Explosion venting devices，2006.

- EN 60079-10-2，Explosible Atmospheres-Part 10-2：Classification of Areas-Combustible Dust Atmospheres，European Committee for atandardization，Brussels，Belgium，2009.

- EN 61241-2006，Electrical apparatus for use in the presence of combustible dust. General requirements，2007.

- BS PD CLC/TR 50404-2003：Code of practice for the avoidance of Hazards due to Static Electricity，2003.

A.3 参考文献

PBS 2015，China issues combustible dust explosion guidelines，*Powder & bulk solids*，september 14，2015.

附录 B　其他资源

B.1　书籍

Abbott，John Prevention of Fires and Explosions in Dryers，Institution of Chemical Engineers (IChemE)，Warwickshire，UK，1990.

Barton，John，Dust Explosion Prevention and Protection：A Practical Guide，Institution OF Chemical Engineers (IChemE)，Warwickshire，UK，2002.

Britton，L.，Avoiding Static Ignition Hazards in Chemical Operations，Center for Chemical Process Safety of the American Institute of Chemical Engineers，New York，NY，1999

CCPS，Guidelines for Safe Handling of Powders and Bulk Solids，American Institute of Chemical Engineers，Center for Chemical Process Safety，New York，New york，2005.

Eckhoff，R.K.，Dust Explosions in the Process Industries，3rd. ed.，New york，Elsevier，2003.

Frank，Rodgers，and Colonna，NFPA Guide to Combustible Dusts，National Fire Protection Association，Quincy，MA，2012.

Glor，M.，Electrostatic Hazards in Powder Handling，Research Studies Press Ltd.，Letchworth，Hertfordshire，England，1988.

Hattwig，M. And Steen，H.，Handbook of Explosion Prevention and Protection，John Wiley & Sons，Hoboken，N.J.

Pratt，T，Electrostatic Ignitions of Fires and Explosions，Center for Chemical Process Safety of the American Institute of Chemical Engineers，New York，NY，1997.

B.2　美国化学安全委员会报告

U.S. Chemical Safety and Hazard Investigation Board，Investigation Report，Dust Explosion，West Pharmaceutical Services，Kinston，North Carolina，January 29，2003，Report No. 2003-07-1-NC，September 2004.

U. S. Chemical Safety and Hazard Investigation Board，Investigation Report，Combustible Dust Hazard Study，Report No. 2006-H-1，November 2006.

U. S. Chemical Safety and Hazard Investigation Board，Investigation Report，Sugar Dust Explosion and Fire，Imperial Sugar Company，Port Wentworth，Georgia February 7，2008，Report No. 2008-04-I-GA，September 2009.

U. S. Chemical Safety and Hazard Investigation Board，Investigation Report，Sugar Dust Explosion and Fire，Imperial Sugar Company，Port Wentworth，Georgia，February 7，2008，Report No. 2008-05-1-GA，September 2009.

U. S. Chemical Safety and Hazard Investigation Board，Case Study，Hoeganaes Corporation：Gallatin，TN Metal Dust Flash Fires and Hydrogen Explosion，Report No. 2011-4-1-TN，December 2011.

B. 3　期刊文献

Febo，Henry J.，Drying of Combustible Powders -Risk and Mitigation，Journal of Loss Prevention in the Process Industries，Vol. 36，p. 252-257，2015.

该论文概述了可燃性粉末的干燥工艺，重点介绍了喷雾干燥器、流化床干燥器和环式干燥器。此外，该论文回顾了各种主要工艺类型及其危害、关键控制、警报和联锁，并介绍了可实施的保护和减缓措施。文中提供了几个案例研究。论文强调了 FM Global 损失预防指南的重要性，也指出了适用的 NFPA 和 EU 规范。

Frank，Walter L.，Dust Explosion Prevention and the Critical Importance of Housekeeping，Process Safety Progress，Vol. 24，No. 3，September 2004.

该论文介绍了最近发生的重大粉尘爆炸事件，着重探讨了设施运营中一个经常被忽略的方面——清洁。

Glor，Martin，A Synopsis of Explosion Hazards During the Transfer of Powders into Flammable Solvents and Explosion Preventive Measures，Pharmaceutical Engineering，January/February 2010，Vol. 30 No. 1，p. 1-8.

该论文介绍了粉末转移至可能含有易燃溶剂蒸气的容器中可能造成的爆炸危险。文中概述和探讨了保护措施及技术设备。

Jaeger，Norbert and Siwek，Richard，Determination，Prevention and

Mitigation of Hazards due to the Handling of Powders During Transportation,
Charging, Discharging and Storage, Process Safety Progress, Vol. 17, No. 1,
p. 74-81, Spring

该论文介绍了最小点火能和最小点火温度作为非常重要的安全指标在实践
中的应用。高分子材料气动充填筒仓的大量试验的最新结果和各种材料制成的
柔性中型散装容器（FIBC）全规模充填试验的新结果，可以为确保不同情况
下充填、排空作业的安全性提供指导。

Jaeger, Norbert and Siwek, Richard, Prevent Explosions of Combustible
Dusts, Chemical Engineering Progress, June 1999.

该论文回顾了各种测试方法，展示了如何将结果应用于建立提升安全性的
处理程序。鉴于粉尘层和粉尘悬浮物的特性不同，因此分别对其进行了测试。

Rodgers, Samuel A., Application of the NFPA 654 Dust Layer Thick-
ness Criteria-Recognizing the Hazards, Process Safety Progress, Vol. 31,
No. 1, p. 24-35, March 2012.

本论文概述了 NFPA 654 粉尘厚度标准以及可能导致无法识别危险的误
解。潜在的误解包括：容许过大的建筑面积覆盖、未能考虑粉尘层厚度超过阈
值，以及未能考虑设备上的粉尘层。厚度标准被应用于实际工作的示例，说明
了公式的适用性。此外，论文为建立初始清洁计划、监测粉尘积聚以及记录现
有和新安装装置的合规性提供了实用指南。

Taveau, Jerome, Secondary Dust Explosions: How to Prevent them or
Mitigate Their Effects, Process Safety, Vol. 31, No. 1, March 2012.

该论文介绍了法国和美国发生的几起二次粉尘爆炸事故，并提出了一些针
对此类事故切实可行的预防和减缓措施。

B. 4　其他

Collection of examples: Dust explosion protection for Machines and
Equipment-Part 1: Mills, crushers, mixers, separators, screeners, Inter-
national Section on Machine and System Safety, Manheim, Germany.

Combustible Dust in Industry: Preventing and Mitigating the Effects of
Fire and Explosions, U. S. Occupational Safety and Health Administration,
Safety, Health and Information Bulletin, 07-31-2005, updated November 12,
2014.

Hazard Communication Guidance for Combustible Dusts, U. S. Occupational

Safety and HealthAdministration，OSHA 3371-08，2009.

Improper Installation of Wood Dust Collectors in the Woodworking Indus-
try，U. S. Occupational Safety and Health Administration，Safety，Health
and Information Bulletin，May 2，1997.

Institute for Occupational Safety and Health of the German Social Acci-
dent Insurance；GESTIS-Dust-Ex database.

Safe handling of combustible dusts：Precautions against explosions，2nd
Edition，UK Health and Safety Executive，HSG103，2003.

Prevention of dust explosions in the food industry，UK Health and Safety
Executive Guidance.

附录 C 基于风险的 DHA 分析数据

C.1 加工装置火灾或粉尘爆炸概率评估

表 C.1 显示了某一装置内发生火灾或爆炸的概率评估。该表旨在帮助进行粉尘危害分析（DHA）中的危险与风险分析环节。评估时参考以下假设：

- 如果处理的粉尘特性相同，那么不同单元的评级要相对应。
- 处理的物料为可燃性粉尘，而不是杂混物。
- 已实施合理的保护措施，如适当电气分类和维护程序（如轴承润滑）。
- 未进行特殊保护措施，如惰化。
- 使用正确类型的 FIBC（对于可燃性粉尘而言，通常指 B 类袋子）。

表 C.1 加工装置内发生火灾或爆炸的概率评估（摘自 Dahn 等 2000）

加工装置	形成可燃性粉尘环境的概率	点火源点火概率			火灾或爆炸的概率
		静电/电	摩擦/火花	热量	
传送					
密相气力输送线	低[①]	高	低	低	低[②]
稀相气力输送线	各不相同	高	低	低	低[②]
带式输送机	低	高	中	低	低
斗式提升机（支柱）	高	高	高	低	高
螺旋输送机	低	低	中	中	中
拖式输送机	低	低	中	低	低
分离器					
旋风除尘器	低	高	低	中	中
袋式除尘器	高	高	低	低	高
筒式过滤器	高	高	低	低	高
筒仓 & 料仓	高	高	低	低	高
筒仓 & 料仓 < 2m³	高	低	低	低	中
研磨机	高	高	高	高	高

续表

加工装置	形成可燃性粉尘环境的概率	点火源点火概率			火灾或爆炸的概率
		静电/电	摩擦/火花	热量	
干燥器					
流化床干燥器	中	高	低	高	高
喷雾干燥器	高	低	低	高	高
闪蒸干燥器	高	高	低	高	高
带式干燥器	低	低	高	高	中
旋转蒸汽管	低	低	低	高	高
筛选机	低	高	低	低	低
造粒机	中	高	高	高	高
粉末处理					
灌装进易燃液体	高	高	低	低	高
FIBC 进料	中	高	低	低	高
FIBC 排空	高	高	低	低	高
包装(袋和桶)	低	低	低	低	低
搅拌器					
低速带搅拌	低	低	低	低	中
浆式搅拌	高	高	高	低	高
高速、高剪切搅拌	高	高	高	低	高
真空吸尘器					
中央真空系统	高	高	低	低	中
便携式真空吸尘器[③]	高	高	低	低	低

① 密相输送期间粉尘云较多,可能超过可燃上限。

② 输送线本身的着火和爆炸概率较低。火灾或爆炸通常发生在接收设备(如袋式除尘器、筒式过滤器、筒仓/料仓、旋风除尘器),这些设备在本表中均单独列出。

③ 对于便携式真空吸尘器,须进行适当的电气分类。此类装置不适用于金属粉尘。

点火源定义如下:

• 静电/电:静电放电,电气设备故障。

• 摩擦/火花:摩擦生热(如热轴承),连续火花串,热颗粒,余烬,异物颗粒。注:根据 Eckhoff,撞击火花引起点火的可能性很低,除非是特殊金属(如钛、锆)。

- 热量：热分解，自燃。

火灾或爆炸概率评估的逻辑如表 C.2 所示。

表 C.2　表 C.1 的概率矩阵

可燃性环境 形成的概率	点火概率		
	低	中	高
高	中	高	高
中	低	中	高
低	低	低	中

C.1.1　初始事件频率

表 C.3 列出了《保护层分析：初始事件与独立保护层应用指南》（CCPS 2015）内基于风险的粉尘危害分析过程中可使用的初始事件频率。

表 C.3　初始事件频率

项目	说明	频率
BPCS 控制回路	由 BPCS 控制回路控制的工艺参数出现偏差,无法自行恢复,导致出现相应后果	0.1 次/年
安全控制、报警和联锁（SCAI）	安全控制、报警和联锁的误动作可能造成波动或导致出现相应后果	0.1~1 次/年
人为失误（常规任务执行频率≥1 次/周）	在执行频率为一周一次或更多的任务上出现人为失误。后果取决于操作员所执行的任务	1 次/年
人为失误（任务执行频率:1 次/周~1 次/月）	在执行频率为一周一次至一个月一次的任务上出现人为失误。后果取决于操作员所执行的任务	0.1 次/年
人为失误（任务执行频率＜1 次/月）	在执行频率小于一个月一次的任务上出现人为失误。后果取决于操作员所执行的任务	0.01 次/年
螺旋输送机故障	螺旋输送机故障停止了工艺流程,导致上游和/或下游运行波动或其他相关后果	1~10 次/年
螺旋输送机物料过热	输送物料过热,可能会导致物料着火或分解	0.1 次/年
风机或鼓风机故障	这种操作损失可能会导致工艺扰动,工艺偏差可能会导致大量后果	0.1 次/年

表 C.3 所列的频率表示为数量级（即，1 次/年、0.1 次/年或 0.01 次/年），旨在用于保护层分析（LOPA）。在定量 DHA 分析中，如有需要，研究团队可根据工厂经验调整频率值。

C.1.2　点火概率

以下信息旨在为确定点火概率提供指导，以供基于风险的 DHA 分析计算频率。

表 C.4 列出了根据设施是否遵守各种点火源控制标准而确定的点火概率。虽然来源报告（Daycock 和 Rew 2004）是关于蒸气点火的研究，但亦适用于可燃性粉尘处理设施。因为，除了非常敏感的粉尘之外，易燃蒸气的 MIE 值均低于粉尘云。鉴于超过 10% 的事件中无法确认点火源，因此，任何设施不得假设其符合表 C.4 中所列的"理想状态"点火源控制。

表 C.4   点火源控制的有效性（Daycock 和 Rew 2004）

点火源控制	系数		总点火概率
理想状态	0	无	设计和维护确保任何时候都不会有点火源。许可证和程序确保任何时候都不会引入点火源
优秀	0.1	最低	优秀的设计和维护——只有在极少数情况下才会出现点火源。优秀的许可证设计和实施——点火源仅在几个系统出现不可预见的故障时产生（如，人为失误和备用系统故障）
典型（良好）	0.25	有限	设计符合标准且定期维护——在正常运行时不会出现点火源，但系统故障或环境变化可能导致出现点火源。许可证设计和实施良好——正常情况下不会出现点火源，但是一些潜在人为失误可能会导致设备故障或环境变化，进而造成点火源
较差	0.5	较差	没有精确遵守标准和维护不善——导致点火源出现的可能性极高。具有许可证和程序但极有可能出现问题——主要是由于缺乏培训、监督和许可证管理体系
无	>0.5	无	未遵守标准或几乎没有维护。未采用许可证体系，即在控制极少或无控制的情况下进行维护和特殊操作（如，加注燃料）——引入点火源的可能性极高

对于保护层分析，Howat 等人（2006）建议采用表 C.5 所示点火概率。表 C.6 介绍了 VDI 2263（2007）中关于点火灵敏度的指南。Dahn 等人（2000）推荐了几种类型的点火源的定性点火标准，具体参见表 C.7。在使用表 C.5～表 C.7 中的点火概率时，假设未采取任何保护措施。

表 C.5   点火概率与 MIE（Howat 2006）

MIE	P_{ign}
0<MIE<10mJ	1.0
10mJ<MIE<100mJ	0.1
MIE>100mJ	0.01
动火作业、轴承等	1.0

表 C.6　点火灵敏度指南（VDI 2007）

MIE≥10mJ	正常点火灵敏度
3mJ≤MIE<10mJ	较高点火灵敏度
MIE<3mJ	极高点火灵敏度

表 C.7　易点燃标准（Dahn 等 2000）

项目	较易	中度	较难	难
静电放电，极高/mJ	<5	5~30	30~200	>200
热量（温度）/℃	<100	100~300	>300	
化学分解释放/(cal/g)	<100	100~500	500~1500	>1500
摩擦/(psi@7fps)	100~2000	2000~15000		>15000
冲击/kg·m	0.5	0.5~5		>5

注：1cal=4.1868J；1psi=6894.76Pa。

C.1.3　保护层 PFD

表 C.8 列出了《保护层分析：初始事件与独立保护层应用指南》（Guidelines for Initiating Events and Independent Protection Layers in Layer of Protection Analysis）（CCPS 1999）中所列的固体处理过程中使用的几种预防和保护技术及其相应的需求时的失效概率（PFD）。

表 C.8　有保护层要求时失效概率

项目	说明	PFD
安全联锁	安全联锁可防止在初始事件发生后场景发展成关注后果	0.1
SIF 回路	SIF 回路可防止初始事件发生后场景进一步进展[①]	SIL1：0.1 SIL 2：0.01 SIL 3：0.001
隔爆阀	隔爆阀可防止火焰在相连的设备之间蔓延	0.1
加工设备隔爆板	在内部粉尘/蒸气/气体爆炸时，隔爆板的正确操作可避免容器或管道承受过度压力[②]	0.01
封闭区域泄爆板	泄爆板可保护封闭区域或房间免受损坏。但是，泄爆板的使用会导致产生压力波和蒸气/气体泄漏。如果泄爆板将压力释放至有人区域，那么泄爆板可能无法作为有效的独立保护层防止对附近工作人员的冲击	0.01
自动灭火系统	加工设备内：自动灭火系统可防止火势蔓延至加工设备外部	0.1
自动灭火系统	局部应用：局部应用灭火系统可在小范围内减轻火灾	0.1
自动灭火系统	房间：灭火系统减轻室内或小面积封闭场地内火灾	0.1

续表

项目	说明	PFD
人员对异常情况的响应	人员对异常情况的响应可阻止各种可能出现的后果	0.1
针对加工设备的自动抑爆系统	自动抑爆系统可防止可能导致设备损坏的爆炸,包括破裂。如采取更多定量分析,则特定系统可采用低于提供的通用值的PFD值[③]	0.1
个人防护设备 (PPE)	PPE可防止潜在影响区域内人员暴露于相关危险所产生的后果	0.1

① NFPA 654 规定,如设备使用氧气监测,应按照 ISAS 84 安装。

② 为防止对人体造成伤害,应将喷出火焰和热燃烧产物送至安全区域。与此同时,隔爆板应采用此种设计或限制:当泄爆板打开时,不会造成抛射危险。

③ 由于一些抑爆系统的激活方式为使用压力传感器,因此可能有必要在清洁加工设备时拆除抑爆系统,以防止意外触发。因此,为确保灭火系统在运行期间可用,采用一种强有力的程序来关闭安全系统并使其恢复运转十分重要。

C.2　参考文献

CCPS 2015，*Guidelines in Initiating Events and Independent Protection Layers in Layer of Protection Analysis*，Center for Chemical Process Safety of the American Institute of Chemical Engineers，New York，NY.

Dahn，James C.，Reyes，Bernadette N.，and Kusmierz，Andrew，2000，'A Methodology to evaluate industrial vapor and dust explosion hazards'，*Process Safety Progress*，Vol. 19，No. 2，p. 86-90，Summer 2000.

Daycock，J. H.，and P. J. Rew，Development of a method for the determination of on-site ignition probabilities，*Health & safety executive research report 226*，2004.

Howat，C. S.，Tarverdi D. F. and Hinkle，P. R. 2006，LOPA Application，Organization and Outcomes in the Food Processing Industry，*Presentation to Global Congress for Process Safety*，April 2006.

VDI 2263，2007，*Part 6*，*Dust fires and dust explosions*；*Hazards-assessment-protective measures*，September 2007.

附录 D 良好实践

D.1 自我评估

以下自我评估问题来自 OSHA 国家重点计划指导手册附录 B 的问题示例（参见 OSHA 官网）。

设施中有哪些类型的可燃性粉尘？

（注：关于各类粉尘及其特性的更多详情，参见 NFPA 499 表 4.5.2 和 NMAB 353-3 表 1）

设施是否有定期清洁地面和水平面（如管道、管线、外罩、壁架和横梁）的单独清洁计划，以尽可能减少设施操作区域的粉尘积聚？

清洁计划是否规定在操作的同时需清除地面、结构部件和其他表面上的粉尘？

积聚的粉尘厚度是否有 1/32in 或更多？

含尘系统（管道和除尘器）的设计是否可避免扬尘在工作区积聚？

建筑物内的集尘器体积是否大于 $8ft^3$？

室内、建筑物或其他封闭场地内是否存在粉尘爆炸危险？此类区域是否在建筑物和封闭场地的外墙设有泄爆口？这些泄爆口是否通向远离员工的安全区域？

设施是否具有隔离装置，以阻止爆燃在由管道连接的设备之间蔓延？

设施是否具有点火源控制程序（如接地、等电位连接和其他方法）以消散管道输送粉尘时可能产生的静电放电？

设施是否可以隔离，以移除可能点燃可燃性粉尘的异物？

多尘区使用的电动清洁装置（如清扫器或真空清洁器）是否符合 1910.307（b）要求的危险分类？

吸烟是否仅限于安全指定区域？

禁烟区是否贴有"禁止吸烟"标识？

是否对除尘器排出物进行回收处理？

集尘器是否有火花检测和抑爆系统（或其他替代措施）？

除尘系统的所有组件是否由不可燃材料制成？

管道设计是否可确保其高速运输粗颗粒和细颗粒？

管道系统、集尘器和产尘设备是否等电位连接和接地以尽可能减少静电积聚？

是否使用金属管道系统？

在大量有害粉尘积聚或悬浮的区域，所有电气线路和设备是否符合 1910.307（b）要求？

设施是否仅允许在安全指定区进行动火作业？

散装储存容器是否由不可燃材料制成？

公司是否采取方法以消散静电，如等电位连接和接地？

对于涉及操作、维护和监督可燃性粉尘处理设施的员工，是否进行了可燃性粉尘危害相关培训？

对于在正常操作下可能变成可燃性粉尘的化学品，员工是否可获取其材料安全数据表（MSDS）？

D.2 清洁

如果粉尘掩盖了下方表面或物体的颜色，那么粉尘层很有可能超过了指南里的厚度阈值（1/32in 或 0.8mm——一个回形针的厚度）。清洁数据收集表如图 D.1 所示。

吸尘（具适当电气等级的吸尘器）优于扫尘优于吹扫。

粉尘危害控制检查表		
□清洁,使用 Tiger-Vac 吸尘器 □清洁,使用扫帚	确认	备注
使用天然硬毛扫帚清洁(无人工合成)	□	
使用导电簸箕/桶装粉尘(无塑料)	□	
Tiger-Vac 吸尘器配备原装部件(无改良部件、管道胶带等)	□	
吸尘器接地确认(10Ω 或更低) 　　　　Ω:_____ 为验证是否接地: 将黑色送风软管连至吸尘器进风口(另一端与送风口断连) 断开吸尘器黑色吸气管 使用欧姆表,测试黑色送风软管末端到吸尘器吸入口的连续性(≤10Ω 则符合标准)	□	
Tiger-Vac 组装符合 SOP 要求	□	

垃圾料斗位于接地板	□	

清洁后报告			

	是	否	
清洁活动期间是否生成粉尘云？如有，请说明	□	□	备注：
工具/设备/通道是否存在问题？如有，请说明	□	□	备注：

日期：＿＿＿＿＿人员：＿＿＿＿＿开始时间：＿＿＿＿＿结束时间：＿＿＿＿＿
收集的粉尘重量(十分重要)：＿＿＿＿＿＿＿＿＿＿＿＿＿＿＿＿＿＿＿＿＿＿＿＿
描述您所清洁的区域：＿＿＿＿＿＿＿＿＿＿＿＿＿＿＿＿＿＿＿＿＿＿＿＿＿＿＿

完成者：＿＿＿＿＿＿＿＿＿＿＿＿＿＿＿＿＿＿＿＿＿＿＿＿＿	填写完毕后交至运营领导

图 D.1　清洁数据收集表示例〔来源：Rodgers，Sam，Application of
the NFPA 654 Dust Layer Thickness Criteria -Recognizing the Hazard，
Process Sfety Progress，V. 31，No. 1，March 2012〕

可燃性粉尘清洁检查清单见表 D.1。

表 D.1　可燃性粉尘清洁检查清单

工具类型	检查清单	最近一次检查时间	09/10/14
地理位置	美国	来源:OSHA	

清洁项目	是	否	备注/处理日期
工作区域是否存在因工艺或原材料而产生的固体颗粒？			
粉尘属于什么类型？			
• 金属(标明类型)			
• 木材			
• 树脂或塑料			
• 有机(食物)(标明类型)			
• 煤或炭			
• 棉和织物(标明类型)			
• 化学品(标明类型)			
• 其他(请说明)			
工作区域是否有粉尘积聚？			
这些粉尘积聚在工作区域哪些地方？			

续表

清洁项目	是	否	备注/处理日期
• 管道或管线			
• 通风系统			
• 外罩			
• 横梁			
• 工作台表面			
• 假吊顶			
• 设备或装置			
• 其他			
如有粉尘积聚,厚度是否超过 1/16in?			
粉尘积聚厚度是否超过 1/8in?			
粉尘云或粉尘积聚是否影响区域可见度?			
含尘系统或运输粉尘的系统是否存在泄漏?			
清洁和干燥方法(拂或掸、刷子、压缩空气)是否能清除区域内粉尘?			
是否定期清除高架面上(包括建筑物上部结构)积聚的可燃性粉尘?			
在可燃性粉尘厚度达 1/32in(回形针厚度)之前,是否用获批准的防爆吸尘系统进行清洁?			
是否阻止金属或导电粉尘进入或积聚在电气外壳或设备周围?			
是否粘贴了规定的粉尘危害警示标识?			
是否粘贴了吸烟区和禁烟区标识?			

D.3　防爆方法

防爆的选择方法见图 D.2。

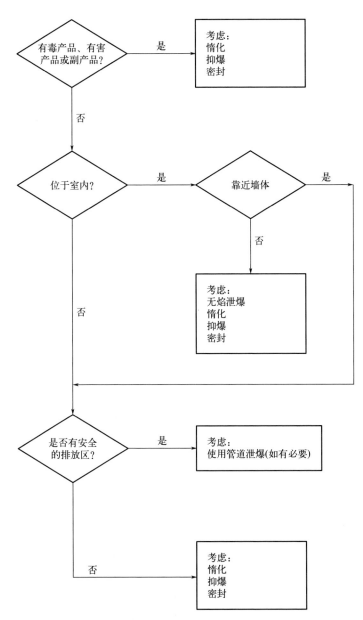

图 D.2　防爆的选择方法

附录 E DHA 分析流程图

图 E.1 所示流程图说明了如何开展 DHA 分析。图 E.1 也列出了与该步骤相关的章节。CCPS 出版的书籍介绍了其中一些流程步骤。具体可参见图 E.1注释。

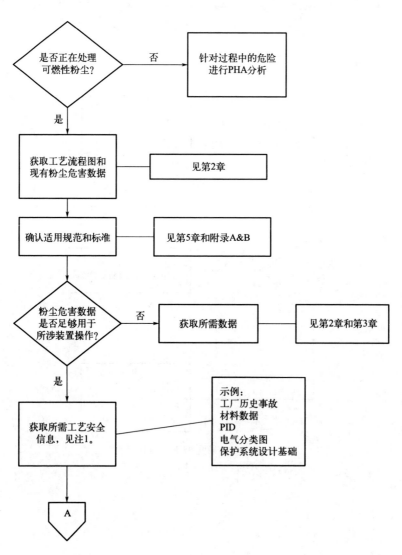

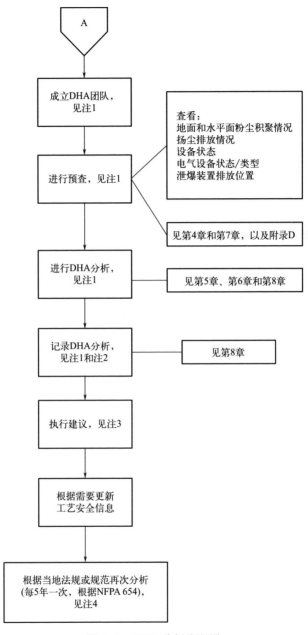

图 E.1　DHA 分析流程图

图 E.1 注释

注 1：见《危险评估程序指南》（Guidelines for Hazard Evaluation Procedures）（第 2 版）（CCPS 2008）。

注 2：见《过程安全文件记录指南》（Guidelines for Process Safety Documentation）（CCPS 1995）。

注 3：见《过程安全变更管理指南》(Guidelines for the Management of Change for Process Safety) (CCPS 2008) 和《化工装置开车前安全审查指南》 (Guidelines for Performing Effective Pre-Startup Safety Reviews) (CCPS 2007)。

注 4：见《过程危险分析的再验证》(Revalidating Process Hazard Analysis) (CCPS 2001)。

索　引